上海市建设行业特种作业培训教材

建 筑 焊 割 工

上海市建设行业特种作业培训教材编写组

中国建筑工业出版社

图书在版编目(CIP)数据

建筑焊割工/上海市建设行业特种作业培训教材编写组.
北京：中国建筑工业出版社，2010.9
(上海市建设行业特种作业培训教材)
ISBN 978-7-112-12310-0

Ⅰ.①建… Ⅱ.①上… Ⅲ.①金属材料—焊接②金属材料—切割 Ⅳ.①TG457.1②TG48

中国版本图书馆 CIP 数据核字(2010)第 156375 号

上海市建设行业特种作业培训教材
建 筑 焊 割 工
上海市建设行业特种作业培训教材编写组

*

中国建筑工业出版社出版、发行（北京西郊百万庄）
各地新华书店、建筑书店经销
北京天成排版公司制版
北京富生印刷厂印刷

*

开本：850×1168 毫米 1/32 印张：6¼ 字数：176 千字
2010 年 9 月第一版 2019 年 9 月第十四次印刷
定价：**16.00** 元
ISBN 978-7-112-12310-0
(19576)

版权所有 翻印必究
如有印装质量问题，可寄本社退换
(邮政编码 100037)

本书主要内容有：电工学基础知识、金属学及热处理基础知识、焊接与切割基础知识、常用电弧焊安全操作技术、气割安全操作技术、焊（割）操作中常见的触电事故的原因及防范、焊（割）现场安全作业及相关防火技术、焊（割）现场常见事故原因分析、预防及事故案例。本教材针对焊割工的特点，本着科学、实用、适用的原则，内容深入浅出，语言通俗易懂，形式图文并茂。

本书可作为培训教材，供培训建筑焊割工使用。也是指导建筑焊割工从事施工作业的用书。

* * *

责任编辑：胡明安　姚荣华
责任设计：张　虹
责任校对：张艳侠　陈晶晶

本书编写人员名单

组　　长：董赏潜

副组长：陈　晓　高圣源

组　　员：（按姓氏笔画为序）

张振云　肖公海　陈　晓

陈海军　周建平　高圣源

董赏潜

主　　编：陈海军

主　　审：童天福

前　言

为开展上海市建筑施工特种作业人员的培训需要，贯彻《建筑施工特种作业人员管理规定》、《建筑焊(割)工安全操作技能考核标准(试行)》、《建筑焊(割)工安全技术考核大纲(试行)》等相关文件的规定，我们编写了上海市建设行业特种作业(建筑焊割工)培训教材，本书对建筑施工焊割工必须掌握的安全技术知识和相关技能进行了讲解梳理，全书共分八章，主要包括：电工学基础知识、金属学及热处理基础知识、焊接与切割基础知识、常用电弧焊安全操作技术、气割安全操作技术、焊(割)操作中常见的触电事故原因及防范、焊(割)现场安全作业及相关防火技术、焊(割)现场常见事故原因分析、预防及事故案例。本教材针对焊割工的特点，本着科学、实用、适用的原则，内容深入浅出，语言通俗易懂，形式图文并茂。旨在进一步规范建筑施工特种作业人员安全施工，帮助广大建筑施工特种作业人员更好地理解和掌握建筑安全技术理论和实际操作安全技能，全面提高建筑施工特种作业人员的安全生产知识水平和实际操作能力。

本教材由上海市建设行业岗位考核指导中心组织专家进行编写，由电焊工高级技师陈海军担任主编，高级工程师童天福担任主审。在编写过程中，得到了上海市技师协会建设交通分会和上海安装工程职业技术培训中心的大力支持和帮助，在此表示感谢！

由于时间紧，经验不足，书中难免存在欠妥之处，希望在使用本教材时提出宝贵意见和改进建议，以便进一步修正、完善。

上海市建设行业特种作业培训教材《建筑焊割工》编写组

2010年6月18日

目 录

第一章 电工学基础知识 ... 1
- 第一节 电的基本概念 ... 1
- 第二节 电路的基本定律 ... 4

第二章 金属学及热处理基础知识 ... 7
- 第一节 金属晶体结构的基本知识 ... 7
- 第二节 常用金属材料的基本知识 ... 15

第三章 焊接与切割基础知识 ... 32
- 第一节 焊接与切割概述 ... 32
- 第二节 焊接与切割技术的发展及应用 ... 36

第四章 常用电弧焊安全操作技术 ... 40
- 第一节 焊条电弧焊安全操作技术 ... 40
- 第二节 氩弧焊安全操作技术 ... 59
- 第三节 二氧化碳气体保护焊安全操作技术 ... 68
- 第四节 电阻焊安全操作技术 ... 73

第五章 气割安全操作技术 ... 88
- 第一节 气割常用气体的性质及使用安全要求 ... 88
- 第二节 常用气瓶的结构和使用安全要求 ... 93

第六章 焊(割)操作中常见的触电事故原因及防范 ... 107
- 第一节 电流对人体的伤害 ... 108
- 第二节 焊接切割时触电事故产生的原因和防范措施 ... 116
- 第三节 触电急救 ... 118
- 第四节 电弧焊时发生火灾及爆炸事故的原因和防范措施 ... 130

第七章 焊(割)现场安全作业及相关防火技术 ... 133
- 第一节 焊割现场安全作业的基本知识 ... 133
- 第二节 禁火区的动火管理 ... 138
- 第三节 一般灭火措施及焊割作业中常用的灭火器材及使用方法 ... 139

第八章　焊(割)现场常见事故原因分析、预防及
　　　　事故案例 …………………………………… 146
　　第一节　焊(割)现场常见事故原因分析、预防 …… 146
　　第二节　事故案例 ………………………………… 148
附录一　焊接与切割安全(GB 9448—1999) ………… 153
附录二　焊接常用的坡口形式和尺寸
　　　　(摘自 GB 50235—97) ………………………… 179
附录三　建设工程施工安全技术操作规程
　　　　(金属焊割作业工) ……………………………… 180
附录四　建筑焊(割)工安全技术考核大纲(试行) …… 183
附录五　建筑焊(割)工安全操作技能考核标准(试行) … 186
参考文献 ……………………………………………… 190

第一章 电工学基础知识

第一节 电的基本概念

一、电荷

自然界中存在两种不同性质的电荷,即正电荷和负电荷。电荷之间存在相互作用力,同性电荷之间表现为排斥,异性电荷之间表现为吸引,即所谓同性相斥,异性相吸。

近代科学实验证实,任何物质都是由分子组成,分子是由原子组成,原子由原子核和外层电子(电子云)等组成。原子又是由带正电荷的原子核和原子核外分层排列的带负电的电子组成的,而且在正常情况下原子核所带的正电荷数和原子核外电子所带的负电荷总数相等,整个原子对外界不显电性,称为中性。当原子失去一个或几个电子时,就显示带正电,变为带正电的粒子,称为正离子;反之,当原子获得额外电子时,就显示带负电,变为带负电的粒子,称为负离子。

物体所带电荷多少的物理量称为电量,用 Q(或 q)表示。在国际单位制中,电量的单位是库仑(C)。电量不随时间变化的电荷称为静电荷;反之称为动电荷。

二、电场

电荷周围空间存在着一种特殊物质,它不能被人的感官所直接感知,但是它却可以通过引入其周围电荷受到作用力现象而被间接发现。我们把带电体周围具有一定同性相斥,异性相吸的空间叫做电场。电场中的每一点都具有一定的电位。正电荷在电场的作用下,从高电位向低电位移动,所做的功就是电场中两点电位之差。通常,我们把地球的电位当做零,作为电位的参数位置,其他各点与此参考点之间电位差定义为该点的电位值。

三、电压

静电物或电路中两点间的电位差叫电压,其数值等于单位正电荷在电场力的作用下,从一个点移到另一个点所用的功,例如电灯泡电压是 220V,也就是说电源加在灯丝两端的电压是 220V。电压用符号"U"表示,基本单位是 V,常用单位还有 kV、mV、μV 等,换算的等式为:

$$1kV = 1000V$$
$$1mV = 10^{-3}V$$
$$1μV = 10^{-6}V$$

四、电流

电荷有规则向一定方向的移动就形成电流。人们规定电流的方向是从高电位向低电位移动的,也就是把正电荷移动的方向定为电流的方向。电流不但有方向,而且有大小。在电路中大小和方向都不随时间变化的电流,称为直流电,用字母"DC"或"—"表示;在电路中大小和方向随时间变化的电流,称为交流电,用字母"AC"或"~"表示。

电流的大小是在电场的作用下单位时间内通过某一导体截面的电量,称为电流强度。习惯上往往把电流强度简称电流。同时规定,如果在 1s 内有 1C 的电量通过导体的横截面,电路里的电流强度就是 1A。电流强度用符号"I",基本单位是安培,用字母表示为 A,常用单位还有 kA、mA、μA 等,换算的等式为:

$$1kA = 1000A$$
$$1mA = 10^{-3}A$$
$$1μA = 10^{-6}A$$

电流密度与电流强度是两个不同的概念,电流密度是指单位面积内通过的电流大小,以字母 J 表示,单位为安培/平方毫米(A/mm^2)。

五、电阻

通常将具有良好导电性能的物体称为导体,将导电性能差的物体称为绝缘体,导体对电流的阻碍作用叫做电阻。

不同的材料对电流的阻碍作用大小不同，通常把截面$1mm^2$、长度1m的某种导体的电阻值叫电阻率，材料的电阻率越小，这种材料对电流的阻碍作用就越小，各种金属导体中，银的电阻率最小，其次是铜，所以银是导电性能最好的金属，但银是贵重金属，价格较贵，因此工业上常用铜来做导线，铝的电阻率比铜大一点，但铝的密度（单位体积的重量）比铜小得多，我国铝的资源十分丰富，所以国家推广使用铝导线。导体的电阻除了跟导体的材料有关以外，还跟导体的横截面的大小和长度有关，横截面积越大，电阻越小，导体越长电阻越大，导体电阻的计算公式为：

$$R=\rho L/S$$

式中　ρ——电阻率；

　　　S——横截面；

　　　L——长度；

　　　R——电阻。

电阻的代表符号是"R"，基本单位是欧姆，用字母Ω表示，常用单位还有$k\Omega$、$M\Omega$等：换算的等式为：

$$1k\Omega=1000\Omega;$$

$$1M\Omega=10^6\Omega.$$

在国际单位制中，当电路两端的电压为1V，通过的电流为1A时，则该段电路的电阻为1Ω。

六、直流电、交流电、正弦交流电

大小和方向不随时间变化的电流称直流电。我们日常用的干电池、蓄电池等都属于直流电。

大小和方向随时间作周期性变化的电流称为交流电。由于交流电可通过变压器改变电压，在远距离输电时可通过升压变压器将电压升高，从而用很细的导线能输送很大的电能；在用户使用时，又可通过降压变压器将电压降低，这样既节省了输电导线，又能降低对设备的绝缘要求。交流电机与直流电机比较，具有造价低廉、坚固耐用、维护简便等优点，所以交流电应用很广泛，工业电源几乎全是交流的。

按正弦规律随时间作周期性变化的交流电流叫正弦交流。正弦交流电是由特殊结构的发电机发出来的,我们日常用的交流电都是正弦交流电。

与单相电路相比,三相电路的主要优点是:节省输电用导线,并且三相发电机、电动机、变压器等设备经济、可靠、性能好,所以我们日常生活及工农业生产所用的电源几乎都是三相正弦交流电。

七、电功、电功率

电流做了多少功就叫电功,点电灯、开电车都要用电,这就是利用电流来做功,电流所做的功用焦耳(J)做单位,做功多少用下式表示:

$$W=IUT=I^2RT$$

式中　W——电功(J);

　　　I——电流(A);

　　　U——电压(V);

　　　R——电阻(Ω);

　　　T——时间(S)。

电功率是能量的转换率或单位时间内电路各部分所取用或发出的电能,其公式为:

$$P=W/t=IU=I^2R$$

电功率的单位是瓦特,用符号"W"表示,1000W 叫做千瓦,写作(kW)。

电功率的另一单位是马力,1(kW)=1.36 马力,1(kW)用电设备工作一小时,电流所做的功(或者说消耗的电能)就是 1 度电。

第二节　电路的基本定律

一、电路

1. 电路的组成:将电源和用电设备用导线、开关等连接起来,其中就会有电流流过。这种由电气元器件组合起来并在其中获得电流的装置的总和称为电路。显然电路主要由电源、负载(用电设备)、连接导线和控制器组成。

2. 电源是电路中产生电能的源泉,它的主要功能是在电源内部产生一个电动势,从而在电源两极之间形成确定的电压(电压源);或在电源内部形成一个电激流,向电路输送确定的电流(电流源)。常见的电源有电池、发电机等,它们通属于电压源。在电力系统中,有时把电力变压器称作电源,这是不确切的,实际上,变压器只不过是一种电能的传输,变换器。

3. 用电设备是电路中的耗能装置,它的主要功能是将电能转化为热能、光能、机械能和其他形式的非电能量。常见的用电设备有电炉、照明灯、电动机等。在电工学里。为方便,常把各种用电设备统称为负载。

连接导线是电路中的联系元件,它的主要功能是将电源和负载联系起来,形成闭合的导电路径。

4. 电路根据其中流过的电流种类不同主要分为两大类:直流电路和交流电路。凡其中流过电流为直流的电路称为直流电路,反之,凡其中流过电流为交流的电路称为交流电路。本节专门介绍直流电路。下一节将专门介绍交流电路。

在电路分析中,实际电路被用一个抽象的图形表示,其中各电气元件均采用规定的图形符号画出。这种表征实际电路本质的图形称为电路图(简称电路)。图1-1是采用国家标准图形符号画出的手电筒电路图。

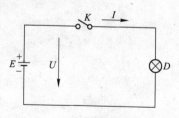

图1-1 手电筒的电路图

二、欧姆定律

实验表明,在同一段电路中,导体的电流跟导体两端的电压成正比,跟导体的电阻成反比,这就是欧姆定律。其表达式是:

$$I=U/R$$

5

式中 I——导体中的电流(A);

U——导体两端的电压(V);

R——导体的电阻(Ω)。

如图 1-2 所示,电流 I 与电压 U 成正比。即

$$\left.\begin{array}{l} U=RI \\ R=\dfrac{U}{I} \\ I=\dfrac{U}{R} \end{array}\right\}$$

或

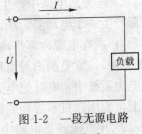

图 1-2 一段无源电路

式中 R——电路的电阻,单位是伏/安=欧姆,简称欧(Ω)。

上式所表示的关系叫做欧姆定律。

【例】 若某一输电线路的电阻为 1.2Ω,流过的电流为 5A,问该段线路上电压降为多大?

【解】 已知 $I=5A$。$R=1.2\Omega$,根据上述电路的欧姆定律即可求得该段线路上电压降

$$U=IR=5\times 1.2=6V$$

第二章 金属学及热处理基础知识

第一节 金属晶体结构的基本知识

世界上的物质都是由化学元素组成的，这些化学元素按性质可分为两类：

第一类是金属，化学元素中有83种是金属元素。固态金属具有不透明、有光泽、有延展性、有良好的导电性和导热性等特性，并且随着温度的升高，金属的导电性降低，电阻率增大，这是金属独具的一个特点。常见的金属元素有铁、铝、铜、铬、镍、钨等。

第二类是非金属，化学元素中有22种，非金属元素不具备金属元素的特征。而且与金属相反，随着温度的升高，非金属的电阻率减小，导电性提高。常见的非金属元素有碳、氧、氢、氮、硫、磷等。

我们所焊接的材料主要是金属，尤其是钢材，钢材的性能不仅取决于钢材的化学成分，而且取决于钢材的组织，为了了解钢材的组织及其对性能的影响，我们必须先从晶体结构讲起。

一、晶体的特点

对于晶体，大家并不生疏。食盐、水结成的冰，都是晶体。一般的固态金属及合金也都是晶体。并非所有固态物质都是晶体。如玻璃、松香之类就不是晶体，而属于非晶体。

晶体与非晶体的区别不在外形，而在内部的原子排列。在晶体中，原子按一定规律排列得很整齐。而在非晶体中，原子则是散乱分布着，至多有些局部的短程规则排列。

由于晶体与非晶体中原子排列不同，因此性能也不相同。

二、典型的金属晶体结构

金属的原子按一定方式有规则地排列成一定空间几何形状的格架，称为晶格。金属的晶格常见有体心立方晶格、面心立方晶格和密排六方晶格，但密排六方晶格在铁金属晶体中比较少见。如图2-1所示。体心立方晶格的立方体的中心和八个顶点各有一个铁原子，而面心立方晶格的立方体的八个顶点和六个面的中心各有一个铁原子。

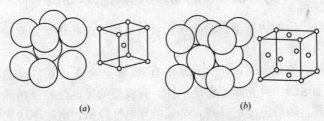

图 2-1 典型的金属晶体结构
(a)体心立方晶格；(b)面心立方晶格

铁属于立方晶格，随着温度的变化，铁可以由一种晶格转变为另一种晶格。这种晶格的转变，称为同素异晶转变。纯铁在常温下是体心立方晶格(称为 α—Fe)；当温度升高到912℃时，纯铁的晶格由体心立方晶格转变为面心立方晶格(称为 γ—Fe)；再升温到1394℃时，面心立方晶格又重新转变为体心立方晶格(称为 δ—Fe)，然后一直保持到纯铁的熔化温度。纯铁的这种特性非常重要，是钢材所以能通过各种热处理方法来改变其内部组织，从而改善性能的内在因素之一，体心立方晶格和面心立方晶格的塑性、导热性是不同的，在一般情况下，面心立方晶格的塑性高于体心立方晶格，而导热性则比体心立方晶格要差，在焊接中因母材的晶格类型不同，焊接参数也应发生改变。焊接热影响区中各区域因受到焊接热输入温度不同的影响，发生组织结构的变化也不同，故与母材相比具有不同组织和性能的原因之一。

三、合金的组织、结构及铁碳合金的基本知识

1. 合金的组织

两种或两种以上的元素(其中至少一种是金属元素)，组成的

具有金属特性的物质,叫做合金。合金比纯金属应用更为普遍,这也是合金内部组织结构的种类多,而且可以控制部分合金成分来获得所需的各种性能。根据两种元素相互作用的关系,以及形成晶体结构和显微组织的特点可将合金的组织分为三类:

(1) 固溶体 固溶体是一种物质的原子溶入另一种物质的晶格内,形成单相晶体结构。根据原子在晶格中分布的形式,固溶体可分为置换固溶体和间隙固溶体。某一元素晶格上的原子部分地被另一元素的原子所取代,称为置换固溶体;如果另一元素的原子挤入某元素晶格原子之间的空隙中,称为间隙固溶体,如图2-2所示。

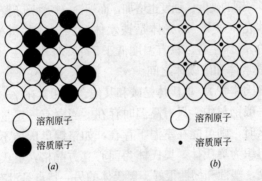

图 2-2 固溶体示意图
(a)置换固溶体;(b)间隙固溶体

两种元素的原子半径大小晶格类型差别愈大,形成固溶体后所引起的晶格扭曲程度越大。扭曲的晶格增加了金属塑性变形的阻力,所以固溶体比纯金属硬度高、强度大。

(2) 化合物 两种元素的原子按一定比例相结合,具有新的晶体结构,在晶格中各元素原子的相互位置是固定的,叫化合物。通常化合物具有较高的硬度,低的塑性,脆性也较大。

(3) 机械混合物 固溶体和化合物均为单相的合金,若合金是由两种不同的晶体结构彼此机械混合组成,称为机械混合物。它往往比单一的固溶体合金有更高的强度、硬度和耐磨性;但塑性和压力加工性能则较差。

2. 钢中常见的显微组织

(1) 铁素体(F)　铁素体是少量的碳和其他合金元素固溶于 α—Fe 中的固溶体。α—铁为体心立方晶格,碳原子以填隙状态存在,合金元素以置换状态存在。铁素体溶解碳的能力很差,在 727℃时为 0.0218%,室温时仅 0.0057%。铁素体的强度和硬度低,但塑性和韧性很好,所以含铁素体多的钢(如低碳钢)就表现出软而韧的性能。

(2) 渗碳体(Fe_3C)　渗碳体是铁与碳的化合物,分子式是 Fe_3C,其性能与铁素体相反,硬而脆,随着钢中含碳量的增加,钢中渗碳体的量也增多,钢的硬度、强度也增加,而塑性、韧性则下降。

(3) 珠光体(P)　珠光体是铁素体和渗碳体的机械混合物,含碳量为 0.77% 左右,只有温度低于 727℃时才存在。珠光体的性能介于铁素体和渗碳体之间。

(4) 奥氏体(A)　奥氏体是碳和其他合金元素在 γ—Fe 中的固溶体。在一般钢材中,只有高温时存在。当含有一定量扩大 γ 区的合金元素时,则可能在室温下存在,如铬镍奥氏体不锈钢则在室温时的组织为奥氏体。奥氏体为面心立方晶格,奥氏体的强度和硬度不高,塑性和韧性很好。奥氏体的另一特点是没有磁性。

(5) 马氏体(M)　马氏体是碳在 α—Fe 中的过饱和固溶体,一般可分为低碳马氏体和高碳马氏体。马氏体的体积比相同质量的奥氏体的体积大,因此,由奥氏体转变为马氏体时体积要膨胀,局部体积膨胀后引起的内应力往往导致零件变形、开裂。高碳淬火马氏体具有很高的硬度和强度,但很脆,延展性很低,几乎不能承受冲击载荷。低碳回火马氏体则具有相当高的强度和良好的塑性和韧性相结合的特点。

(6) 魏氏组织(W)　魏氏组织是一种过热的有害组织缺陷,是由彼此交叉约 60℃ 的铁素体或渗碳体呈片状或针状形态嵌入基体内部,割裂基体连续性的组织。低碳钢或高碳钢过热后。晶粒长大后,高温下晶粒粗大的奥氏体以一定速度冷却时,很容易形成魏氏组织。粗大的魏氏组织使钢材的塑性和韧性下降,使钢变脆。在焊接接头中焊缝、熔合区及焊接热影响区常出现魏氏组织，焊接接头中出现魏氏组织后，一般可通过退火或正火来消除。

(7) 莱氏体（Ld） 莱氏体是液态铁碳合金发生共晶转变形成的奥氏体和渗碳体所组成的机械混合物，其含碳量为4.3%。当温度高于727℃时，莱氏体由奥氏体和渗碳体组成。在温度低于727℃时，莱氏体由珠光体和渗碳体组成。因莱氏体的基体是硬而脆的渗碳体，所以硬度高，塑性很差。莱氏体分为高温莱氏体和低温莱氏体两种。奥氏体和渗碳体组成的机械混合物称高温莱氏体，由于其中的奥氏体属高温组织，因此高温莱氏体仅存于727℃以上。高温莱氏体冷却到727℃以下时，将转变为珠光体和渗碳体机械混合物，称低温莱氏体。

3. 铁—碳合金平衡状态图

钢和铸铁都是铁碳合金。含碳量低于2.11%的铁碳合金称为钢，含碳量2.11%～6.67%的铁碳合金称为白口铸铁。为了全面了解铁碳合金在不同含碳量和不同温度下所处的状态及所具有的组织结构，可用Fe—C合金平衡状态图来表示这种关系，见图2-3。图上纵坐标表示温度，横坐标表示铁碳合金中碳的百分含量。例如，

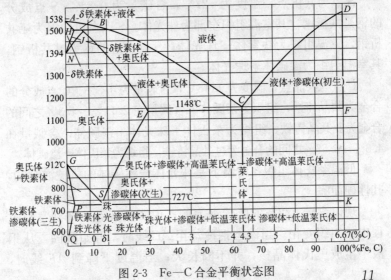

图2-3 Fe—C合金平衡状态图

在横坐标左端，含碳量为零，即为纯铁；在右端，含碳量为 6.67%，全部为渗碳体(Fe_3C)。

图中 ACD 线为液相线，在 ACD 线以上的合金呈液态。这条线说明纯铁在 1538℃ 凝固，随碳含量的增加，合金凝固点降低。C 点合金的凝固点最低，为 1148℃。当含碳量大于 4.3% 以后，随含碳量的增加，凝固点增高。

AHJEF 线为固相线。在 AHJEF 线以下的合金呈固态。在液相线和固相线之间的区域为两相(液相和固相)共存。

GS 线表示含碳量低于 0.77% 的钢在缓慢冷却时由奥氏体开始析出铁素体的温度。

ECF 水平线，1148℃，为共晶转变线。液体合金缓慢冷却至该温度时，发生共晶反应，生成莱氏体组织。

PSK 水平线，727℃，为共析转变线，表示铁碳合金在缓慢冷却时，奥氏体转变为珠光体的温度。

为了使用方便，PSK 线又称为 A_1 线，GS 线称为 A_3 线，ES 线为 A_{cm} 线。正点是碳在奥氏体中最大溶解度点，也是区分钢与铸铁的分界点，其温度为 1148℃，含碳量为 2.11%。

S 点为共析点，温度为 727℃，含碳量为 0.8%。S 点成分的钢是共析钢，其室温组织全部为珠光体。S 点左边的钢为亚共析钢，室温组织为铁素体＋珠光体；S 点右边的钢为过共析钢，其室温组织为渗碳体＋珠光体。

C 点为共晶点，温度为 1148℃，含碳量为 4.3%。C 点成分的合金为共晶铸铁，组织为莱氏体。含碳量在 2.11%～4.3% 之间的合金为亚共晶铸铁，组织为莱氏体＋珠光体＋渗碳体；含碳量在 4.3%～6.67% 之间的合金为过共晶铸铁，组织为莱氏体＋渗碳体。

低温莱氏体组织在常温下是珠光体＋渗碳体的机械混合物，其性硬而脆。

现以含碳 0.2% 的低碳钢为例，说明从液态冷却到室温过程中的组织变化。当液态钢冷却至 AC 线时，开始凝固，从钢液中生成奥氏体晶核，并不断长大；当温度下降到 AE 线时，钢液全部凝固为奥氏体；当温度下降到 $GS(A_3)$ 线时，从奥氏体中开始析出铁素体晶核，并随温度的下降，晶核不断长大；当温度下降到 $PSK(A_1)$ 线时，剩余未经转变的奥氏体转变为珠光体；从 A_1 下降至室温，其组织为铁素体＋珠光体，不再变化，见图 2-4。

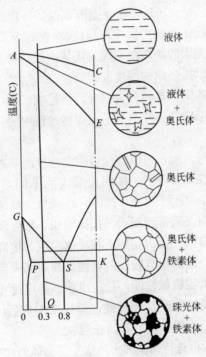

图 2-4 低碳钢由高温冷却下来的组织变化示意图

Fe—C 合金平衡状态图对于热加工具有重要的指导意义，尤其对焊接，可根据状态图来分析焊缝及热影响区的组织变化，选择焊后热处理工艺等。

四、钢的热处理

将固态金属通过加热到一定温度，并保温一定时间，然后以一定的冷却速度冷却的工序来改变其内部组织结构，以获得预期性能的一种工艺，这个过程称为热处理。

根据工艺不同，常用钢的热处理工艺方法分为淬火、回火、正火、退火：

1. 淬火

将钢（高碳钢和中碳钢等）加热到 A_1（对过共析钢）或 A_3（对亚共析钢）以上 30～70℃，在此温度下保持一段时间，使钢的组织全部变成奥氏体，然后快速冷却（水冷或油冷），使奥氏体来不及分解和合金元素的扩散而形成马氏体组织，称为淬火。

淬火后可以提高钢的硬度及耐磨性。

在焊接中碳钢和某些合金钢时，热影响区中可能发生淬火现象而变硬，易形成冷裂纹，这是在焊接过程中要设法防止的。

2. 回火

淬火后进行回火，可以在保持一定强度的基础上恢复钢的韧性。回火温度在 A_1 以下。按回火温度的不同可分为低温回火（150～250℃）、中温回火（350～450℃）、高温回火（500～650℃）。低温回火后得到回火马氏体组织，硬度稍有降低，韧性有所提高。中温回火后得到回火抚氏体组织，提高了钢的弹性极限和屈服强度，同时也有较好的韧性。高温回火后得到回火索氏体组织，获得所需机械性能，稳定组织、稳定尺寸，降低钢的强度和硬度，提高钢的塑性和韧性，焊接结构焊后回火热处理后，能适当减少和消除焊接应力，防止裂纹。

钢在淬火后再进行高温回火，这一复合热处理工艺称为调质。调质能得到韧性和强度最好的配合，获得良好的综合力学性能。

3. 正火

将钢加热到 A_3 或 A_{cm} 以上 50～70℃，保温后，在空气中冷却，称为正火。许多碳素钢和低合金结构钢经正火后，各项力学性能均较好，可以细化晶粒，常用来作为最终热处理。对于焊接结构，经正火后，能改善焊接接头性能，可消除粗晶组织及组织不均匀等。

4. 退火

将钢加热到 A_3 以上或 A_1 左右一定范围的温度，保温一段时间后,随炉缓慢而均匀地冷却,称为退火。

退火可降低硬度,使材料便于切削加工,能消除内应力等。

焊接结构焊接以后会产生焊接残余应力,容易导致产生延迟裂纹,因此重要的焊接结构焊后应该进行消除应力退火处理,为减少焊接残余应力,结构工作时受力较大的焊缝要先焊。消除应力退火属于低温退火,加热温度在 A_1 以下,一般采用 600~650℃,保温一段时间,然后随炉缓慢冷却,亦称焊后热处理。焊接工艺中通常通过热处理方法,来减少或消除焊接应力,防止变形和产生裂纹。

第二节 常用金属材料的基本知识

一、金属材料的性能

金属材料的性能通常包括物理性能、化学性能、力学性能和工艺性能等。

(一)金属材料的物理化学性能

1. 密度

单位体积所具有的金属质量(即重量)称为密度,用符号 ρ 表示。利用密度的概念可以帮助我们解决一系列实际问题,如计算毛坯的重量,鉴别金属材料等。常用金属材料的密度如下:铸钢为 $7.8g/cm^3$,灰铸铁为 $7.2g/cm^3$,铜为 $8.9g/cm^3$,黄铜为 $8.63g/cm^3$,铝为 $2.7g/cm^3$。一般将密度小于 $5g/cm^3$ 的金属称为轻金属,密度大于 $5g/cm^3$ 的金属称为重金属。焊接母材的密度高低对焊接产生气孔倾向较大,如铝及铝合金在焊接中,因密度小,气泡上浮速度慢,使焊缝容易形成气孔。

2. 导电性

金属传导电流的能力叫做导电性。各种金属的导电性各不相同,通常银的导电性最好,其次是铜和铝。

3. 导热性

金属传导热量的性能称为导热性。一般说导电性好的材料,其导热性也好。若某些零件在使用中需要大量吸热或散热时,则要用导热性好的材料。如凝汽器中的冷却水管常用导热性好的铜合金制造，以提高冷却效果。碳钢随含碳量增加导热性变差，合金钢的导热性一般比碳钢的导热性要差，在焊接中应予以考虑，如焊接铝及铝合金、铜及铜合金时，因导热性大，焊接过程中散热很快，应采用能量集中，功率大的焊接热源，必要时应采用预热措施。

4. 热膨胀性

金属受热时体积发生胀大的现象称为金属的热膨胀。例如，被焊的工件由于受热不均匀而产生不均匀的热膨胀，就会导致焊件的变形和焊接应力。衡量热膨胀性的指标称为热膨胀系数。热膨胀性大及导热性差的母材，在焊接中更容易产生较大的焊接变形及裂纹。

5. 抗氧化性

金属材料在高温时抵抗氧化性气氛腐蚀作用的能力称为抗氧化性。热力设备中的高温部件，如锅炉的过热器、水冷壁管、汽轮机的汽缸、叶片等，易产生氧化腐蚀。抗氧化性好的母材，在其表面附着一层致密的氧化薄膜，在焊前清理时，应采用刮刀铲去氧化薄膜，或依靠化学反应去除表面氧化薄膜，以确保焊缝及熔合区的质量。

6. 耐腐蚀性

金属材料抵抗各种介质(大气、酸、碱、盐等)侵蚀的能力称为耐腐蚀性。化工、热力设备中许多部件是在腐蚀条件下长期工作的，所以选材时必须考虑材料的耐腐蚀性。

(二) 金属材料的力学性能

金属材料受外部负荷时，从开始受力直至材料破坏的全部过程中所呈现的力学特征，称为力学性能。它是衡量金属材料使用性能的重要指标。力学性能主要包括强度、塑性、硬度和韧性等。

1. 强度

金属材料的强度性能表示金属材料对变形和断裂的抗力，它用单位截面上所受的力(称为应力)来表示。常用的强度指标有屈服强度及抗拉强度等。

(1) 屈服强度　钢材在拉伸过程中，当拉应力达到某一数值而不再增加时,其变形却继续增加,这个拉应力值称为屈服强度,以 σ_s 表示。σ_s 值越高,材料的强度越高。

(2) 抗拉强度　金属材料在破坏前所承受的最大拉应力,以 σ_b 表示。σ_b 值越大,金属材料抵抗断裂的能力越大,强度越高。

强度的单位是 MPa(兆帕)。

2. 塑性

塑性是指金属材料在外力作用下产生塑性变形的能力。表示金属材料塑性性能有伸长率、断面收缩率及冷弯角等。

(1) 伸长率　金属材料受拉力作用破断时,伸长量与原长度的百分比叫做伸长率,以 δ 表示。

$$\delta = \frac{L_1 - L_0}{L_0} \times 100\%$$

式中　L_0——试样的原标定长度(mm);

　　　L_1——试样拉断后标距部分的长度(mm)。

(2) 断面收缩率　金属材料受拉力作用破断时,拉断处横截面缩小的面积与原始截面积的百分比叫做断面收缩率,以 φ 表示。

$$\varphi = \frac{F_0 - F}{F_0} \times 100\%$$

式中　F——试样拉断后,拉断处横截面面积(mm^2);

　　　F_0——试样标距部分原始的横截面面积(mm^2)。

(3) 冷弯角　冷弯角也叫弯曲角,一般是用长条形试件,根据不同的材质、板厚,按规定的弯曲半径进行弯曲,在受拉面出现裂纹时试件与原始平面的夹角,叫做冷弯角,以 α 表示。冷弯角越大,说明金属材料的塑性越好。

3. 冲击韧性

冲击韧性是衡量金属材料抵抗动载荷或冲击力的能力,冲击试验可以测定材料在突加载荷时对缺口的敏感性。冲击值是冲击韧性的一个指标,以 α_k 表示。α_k 值越大说明该材料的韧性越好。

$$\alpha_k = \frac{A_k}{F}$$

式中　A_k——冲击吸收功(J);

F——试验前试样刻槽处的横截面积(cm^2);

$α_k$——冲击值(J/cm^2)。

4. 硬度

金属材料抵抗表面变形的能力。特别是塑性变形、压痕或划痕的能力称为硬度。

常用的硬度有布氏硬度 HB、洛氏硬度 HR、维氏硬度 HV 三种。

(三)金属材料的工艺性能

金属材料的工艺性能是指金属材料对不同加工工艺方法的适应能力。

1. 切削性能

切削性是指金属材料是否易于切削的性能。切削时，若切削刀具不易磨损，切削力较小且被切削工件的表面质量高，则称此材料的切削性能好。一般灰口铸铁具有良好的切削性，钢的硬度在(170～230HBS)范围内时具有较好的切削性能。

2. 铸造性能

金属的铸造性能主要是指金属在液态时的流动性以及液态金属在凝固过程中的收缩和偏析程度。金属的铸造性能是保证铸件质量的重要性能。

3. 焊接性能

焊接性是指材料在限定的施工条件下焊接成按规定设计要求的构件，并满足预定服役要求的能力。焊接性受材料、焊接方法、构件类型及使用要求四个因素的影响。

焊接性评定方法有很多，其中广泛使用的方法是碳当量法。这种方法是基于合金元素对钢的焊接性不同程度的影响，而把钢中合金元素(包括碳)的含量按其作用换算成碳的相当含量。可作为评定钢材焊接性的一种参考指标。碳当量法用于对碳钢和低合金钢淬硬及冷裂倾向的估算。

常用碳当量的计算公式

$$碳当量\ C_E = C + \frac{Mn}{6} + \frac{Cr+Mo+V}{5} + \frac{Ni+Cu}{15}$$

式中元素符号表示它们在钢中所占的百分含量,若含量为一范围时,取上限。

经验证明:当 $C_E<0.4\%$ 时,钢材的淬硬倾向不明显,焊接性优良,焊接时不必预热;当 $C_E=0.4\%\sim0.6\%$ 时,钢材的淬硬倾向逐渐明显,需采取适当预热和控制线能量等工艺措施;当 $C_E>0.6\%$ 时,钢材的淬硬倾向强,属于较难焊的材料,需采取较高的预热温度、焊后后热和严格的工艺措施。

二、钢材和有色金属的分类、编号及性能

随着生产和科学技术的发展,各种不同焊接结构的金属材料越来越多。为了保证焊接结构安全可靠,焊工必须掌握常用金属材料的基本性能和焊接特性。

(一)钢材的分类

钢和铁是黑色金属的两大类,都是以铁和碳为主要元素的合金。含碳量在 2.11% 以下的铁碳合金称为钢,含碳量 2.11%~6.67% 的铁碳合金称为铸铁。

钢中除了铁、碳以外还含有少量其他元素,如锰、硅、硫、磷等。锰、硅是炼钢时作为脱氧剂而加入的,称为常存元素;硫、磷是由炼钢原料带入的,称为有害元素,且钢的质量等级以硫、磷含量的多少来划分,母材中含硫、磷较多时,在焊接中容易产生裂纹。

1. 按化学成分分类

(1)碳素钢 这种钢中除铁以外,主要还含有碳、硅、锰、硫、磷等几种元素,这些元素的总量一般不超过 2%。

按含碳量多少,碳素钢又可分为:

1)低碳钢 含碳量小于 0.25%。

2)中碳钢 含碳量为 0.25%~0.60%。

3)高碳钢 含碳量大于 0.60%。

(2)合金钢 这种钢中除碳素钢所含有的各元素外,尚还有其他一些元素,如铬、镍、钛、钼、钨、钒、硼等。如果碳素钢中锰的含量超过 0.8%,或硅的含量超过 0.5% 时,这种钢也称为合金钢。

根据合金元素的多少,合金钢又可分为:普通低合金钢(普低钢），合金元素总含量小于5%；中合金钢，合金元素总含量为5%～10%；高合金钢，合金元素总含量大于10%。

此外，合金钢还经常按显微组织进行分类，如根据正火组织的状态，分为珠光体钢、贝氏体钢、马氏体钢和奥氏体钢，有些含合金元素较多的高合金钢，在固态下只有铁素体组织，不发生铁素体向奥氏体转变，称为铁素体钢。

2. 按用途分类

(1) 结构钢

(2) 工具钢

(3) 特殊用途钢　如不锈钢、耐酸钢、耐热钢、磁钢等。

3. 按品质分类

(1) 普通钢　含硫量不超过0.045%～0.050%，含磷量不超过0.045%。

(2) 优质钢　含硫量不超过0.030%～0.035%，含磷量不超过0.035%。

(3) 高级优质钢　含硫量不超过0.020%～0.030%，含磷量不超过0.025%～0.030%。

根据需要，钢材的几种分类方法可以混合使用。按照使用性能和用途综合分类如下：

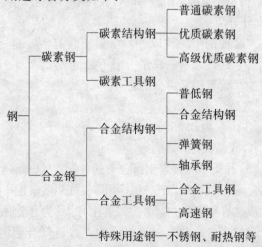

（二）钢材的编号

我国的钢材编号方法是采用国际化学符号和汉语拼音字母并用的原则。即钢号中的化学元素采用国际化学元素符号表示，如Si、Mn、Cr、W、Mo等，其中只有稀土元素由于含量不多但种类不少，不易全部一一标注出来，因此用"Re"表示其总含量。钢材的名称、用途、冶炼和浇注方法等，则用汉语拼音字母表示，如沸腾钢用"F"（沸），锅炉钢用"g"（锅），容器用钢用"R"（容），焊接用钢用"H"（焊），高级优质钢用"A"，特级优质碳素钢用"E"等。

1. 碳素钢的编号

（1）碳素结构钢

一般结构钢和工程用热轧钢板、型钢均属此类。按照 GB 700—88 的规定，钢的牌号由代表屈服强度的字母、屈服强度值、质量等级符号、脱氧方法符号等四部分按顺序组成，如 Q235-A.F，Q235-B 等。

符号的规定为：

Q——钢材屈服点（屈服强度）"屈"字汉语拼音首位字母；

A、B、C、D——分别为质量等级；A级最普通，对硫、磷的限制最宽，B级严一些，而C、D级已接近优质钢。

F——沸腾钢；b——半镇静钢；

例如 Q235-A.F 的意义为：

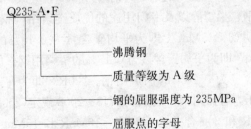

GB 700—88 与 GB 700—79 所规定的碳素结构钢的牌号、技术要求和内容形式均有变化，新旧 GB 700 标准牌号对照如表 2-1，供参考。

新旧 GB 700 标准牌号对照　　　　　　表 2-1

GB 700—88	GB 700—79
Q195 不分等级，化学成分和力学性能（抗拉强度、伸长率和冷弯）均须保证，但轧制薄板和盘条之类产品，力学性能的保证项目，根据产品特点和使用要求，可在有关标准中另行规定	1 号钢 Q195 化学成分与本标准 1 号钢的乙类钢 B1 同，力学性能（抗拉强度、伸长率和冷弯）与甲类钢 A1 同（A1 的冷弯试验是附加保证条件）。1 号钢没有特类钢
Q215 A 级 B 级（做常温冲击试验，V 形缺口）	A2 C2
Q235 A 级（不做冲击试验） B 级（做常温冲击试验，V 形缺口） C 级（作为重要焊接结构用） D 级（作为重要焊接结构用）	A3（附加保证常温冲击试验，U 形缺口） C3（附加保证常温或 -20℃冲击试验，U 形缺口） — —
Q255 A 级 B 级（做常温冲击试验，V 形缺口）	A4 C4（附加保证冲击试验，U 形缺口）
Q275 不分等级、化学成分和力学性能均须保证	C5

(2) 优质碳素结构钢

钢号用两位数字表示。这两位数字表示平均含碳量的万分之几，如 45 号钢表示钢中平均含碳量为 0.45%，08 钢表示平均含碳量为 0.08%。优质碳素结构钢在供应时既保证化学成分又保证机械性能，而且钢中含的有害元素及非金属夹杂物比普通碳素钢的少。

含锰量较高的钢，须将锰元素标出，如平均碳含量为 0.50%，锰含量为 0.7%~1.2% 的钢，其钢号为 "50 锰" 或 "50Mn"。

沸腾钢、半镇静以及专门用途的优质碳素结构钢，应在钢号后特别标明如 "15MnC" 即为平均碳含量为 0.15% 的船舶用钢，如 "15Mnq" 即为平均碳含量为 0.15% 的桥梁用钢。原 "20g" 即为平均碳含量为 0.20% 的锅炉用钢。"20R" 即为平均碳含量为 0.20% 的压力容器用钢，根据 GB 713—2008 规定（2008 年 9 月 1 日实施），20R 和 20g 合并为 Q245R，16MnR 和 16Mng、19Mng 合并为 Q345R。

2. 合金结构钢的编号

合金结构钢的钢号由三部分组成：数字＋化学元素符号＋数

字。前面的两位数字表示平均碳含量的万分之几，合金元素以汉字或化学元素符号表示，合金元素后面的数字，表示合金元素的百分含量。当元素的平均含量<1.5%时，则钢号中只标出元素符号而不标注含量；其合金元素的平均含量≥1.5%、≥2.5%、≥3.5%……时，则在元素后面相应标出2、3、4、……如"16Mn"钢，从钢号可知：其平均含碳量为0.16%，平均含锰量为<1.5%。

钢中的一些特殊合金元素如V、Al、Ti、B、Re等，虽然它们的含量很低，但由于在钢中起到很重要的作用，所以也标注在钢号中。如"20MnVB"钢的大致成分为：C：0.20%，Mn<1.5%，同时含有少量的钒和硼。

3. 不锈钢与耐热钢的编号

化学元素符号前面的数字表示平均含碳量的千分之几，如"9Cr17"表示平均含碳量为0.9%；"1Cr18Ni9"表示平均含碳量为0.08%～0.12%，平均含铬量18%左右，平均含镍量9%左右。

当碳含量小于0.03%时，在钢号前标以"00"，如"00Cr19Ni10"钢；当碳含量小于0.03%～0.08%时，则在钢号前冠以"0"，如"0Cr19Ni9"钢等。

(三) 钢材的性能及焊接特点

1. 低碳钢的焊接特点

低碳钢由于含碳量低，强度、硬度不高，塑性好，所以应用非常广泛。焊接常用的低碳钢有Q235、20号钢、Q245R等。

由于低碳钢含碳量低，所以焊接性好。其焊接具有下列特点：

(1) 淬火倾向小，焊缝和热影响区不易产生冷裂纹。可制造各类大型构架及受压容器。

(2) 焊前一般不需预热，但对大厚度结构或在寒冷地区焊接时，需将焊件预热至100～150℃左右。

(3) 镇静钢杂质很少，偏析很小，不易形成低熔点共晶，所以对热裂纹不敏感。沸腾钢中硫、磷等杂质较多，产生热裂纹的可能性要大些。

(4) 如工艺选择不当，可能出现热影响区晶粒长大现象，而且温度越高,热影响区在高温停留时间越长,则晶粒长大越严重。

(5) 对焊接电源没有特殊要求,可采用交、直流弧焊机进行全位置焊接,工艺简单。

2. 中碳钢的焊接特点

中碳钢含碳量比低碳钢高,强度较高,焊接性比较差。常用的有35、45、55号钢。中碳钢焊条电弧焊及其铸件焊补的主要特点如下:

(1) 热影响区容易产生淬硬组织。含碳量越高,板厚越大,这种倾向也越大。如果焊接材料和工艺规范选用不当,容易产生冷裂纹。

(2) 由于基本金属含碳量较高,所以焊缝的含碳量也较高,容易产生裂纹。

(3) 由于含碳量的增高,所以对气孔的敏感性增加。因此对焊接材料的脱氧性,基本金属的除油除锈,焊接材料的烘干等,要求更加严格。

3. 高碳钢的焊接特点

高碳钢由于含碳量高,焊接性能很差。其焊接有如下特点:

(1) 导热性差,焊接区和未加热部分之间产生显著的温差,当熔池急剧冷却时,在焊缝中引起的内应力,很容易形成裂纹。

(2) 对淬火更加敏感,近缝区极易形成马氏体组织。由于组织应力的作用,使近缝区产生冷裂纹。

(3) 由于焊接高温的影响,晶粒长大快,碳化物容易在晶界上积聚、长大,使焊缝脆弱,焊接接头强度降低。

(4) 高碳钢焊接时比中碳钢更容易产生裂纹。

4. 普通低合金钢的焊接特点

普通低合金高强度钢(简称普低钢)。与碳素钢相比,钢中含有少量合金元素,如锰、硅、钒、钼、钛、铝、铌、铜、硼、磷、稀土等。钢中有了一种或几种这样的元素后,使它具有强度高、韧性好等优点,由于加入的合金元素不多,故称为低合金高强度钢。常用的普通低合金高强度钢有16Mn、Q345R、15MnVN等。

其焊接特点如下：

(1) 热影响区的淬硬倾向

热影响区的淬硬倾向，是普低钢焊接的重要特点之一。随着强度等级的提高，热影响区的淬硬倾向也随着变大。为了减缓热影响区的淬硬倾向，必须采取合理的焊接工艺规范。

影响热影响区淬硬程度的因素有：

材料及结构形式，如钢材的种类、板厚、接头形式及焊缝尺寸等；

工艺因素，如工艺方法、焊接规范、焊口附近的起焊温度（气温或预热温度）。

焊接施工应通过选择合适的工艺因素，例如增大焊接电流，减少焊接速度，焊后后热等措施来避免热影响区的淬硬。

(2) 焊接接头的裂纹

焊接裂纹是危害性最大的焊接缺陷，冷裂纹、再热裂纹、热裂纹、层状撕裂和应力腐蚀裂纹是焊接中常见的几种形态。

热裂纹是焊接熔池在结晶过程中存在偏析现象，析出低熔点共晶产物的有害元素硫、磷等，并在焊接热拉应力共同作用下形成的。某些钢材淬硬倾向大，焊后冷却过程中，由于相变产生很脆的马氏体，在焊接应力和氢的共同作用下引起开裂，形成冷裂纹。延迟裂纹是钢的焊接接头冷却到室温后，经一定时间（几小时，几天甚至几十天）才出现的焊接冷裂纹，因此具有很大的危险性。防止延迟裂纹可以从焊接材料的选择及严格烘干、工件清理、预热及层间保温、焊后及时热处理等方面进行控制。

(3) 例典型 16Mn、15CrMo 的焊接

1) 16Mn 钢的焊接

a) 16Mn 钢具有良好的焊接性，当其碳当量为 0.34%～0.49%时，淬硬倾向比低碳钢稍大些。但只有在厚板、结构刚性大和采用焊接规范不合理以及在低温条件下进行焊接时，才可能产生淬硬组织和焊接裂纹。为了避免产生冷裂纹，必须遵循以下的焊接工艺。

b) 焊接准备，板厚 90mm 以上的钢板采用火源切割时，起始点应预热 100～120℃，采用碳弧气刨时，厚度 20mm 以上的钢板气刨前应预热 100～150℃，坡口形式可采用 V 形、U 形或不对称 X 形。坡口边缘和两侧必须彻底消除水分、铁锈、氧化皮及油脂等污物。

c) 焊接工艺　预热。根据板厚及环境温度按表 2-2 中规定的温度进行预热。

不同板厚 16Mn 钢低温焊接时的预热温度　　表 2-2

焊件厚度(mm)	不同气温时的预热温度	
<16	不低于-10℃时不预热	低于-10℃预热至 100～150℃
16～24	不低于-5℃时不预热	低于-5℃预热至 100～150℃
25～40	不低于 0℃时不预热	0℃以下预热至 100～150℃
>40	均预热 100～150℃	

d) 焊接材料，对重要部位的对接焊缝构件，应选用碱性焊条 E5016、E5017，如锅炉、压力容器及船舶中的重要焊缝。至于对抗裂性能、塑性及韧性要求较低，刚性不大的非重要部位结构的焊缝，也可选用 E5003(J502)、E5001(J503)酸性焊条。工艺参数。基本上与焊接碳素钢时的工艺参数相似。焊条选用 ϕ4mm 时，$I=160\sim180A$　$U=21\sim22V$，使用 ϕ5mm 焊条时 $I=210\sim240A$ 采用多层多道焊选用 4mm 焊条时焊缝宽度不应超过 16～18mm 每层填充 4～5mm。

e) 焊后热处理，板厚大于 50mm 的重要承载部件的接头，焊后需要做消除应力处理，温度为 600～650℃，保温时间为 2.5min/mm。压力容器的预热部件，其壁厚大于 34mm，或不预热部件，其厚度大于 30mm 时，要求焊后做消除应力处理，最佳温度为 600～620℃，保温时间为 3min/mm。

2) 15CrMo 低合金耐热钢的焊接

a) 边缘整备。采用火源切割厚度大于 60mm 的轧态钢板，以及正火或高温回火热处理状态的厚度大于 80mm 的钢板，切

割区周围均预热到100℃以上。切割后边缘应做表面磁粉探伤以检查裂纹。如采用碳弧气刨焊接坡口或清根时,气刨前应将气刨区域预热至200℃以上。气刨后表面应用砂轮打磨以彻底清除氧化物。

b) 焊条电弧焊工艺。坡口形式可采用V形或U形。焊条选用E5515-B2(R307),对不重要的结构可采用E5503-B2(R302)焊条。焊接规范选用时,当使用ϕ4mm焊条时,底层电流为140A,填充层焊接电流为160~170A。板厚大于15mm的焊件,焊前均需要预热150~200℃。

c) 焊后做消除应力处理,钢结构厚度大于30mm的承载部件,焊后需做640~680℃消除应力处理,保温时间4mm/min。对于受压容器和管道,不预热的任何厚度的接头和预热焊厚度大于10mm的接头,焊后均需做消除应力处理。焊接操作时应采用多层多道焊,窄焊道工艺,焊条运条采用直线方式,若需要做摆幅运条,其宽度不大于焊条直径的2.5倍。

(四)铸铁的分类及焊补特点

工业中常用的铸铁含碳量在2.5%~4.0%还含有少量的锰、硅、硫、磷等元素。按碳存在的状态及形式的不同,分为白口铸铁、灰铸铁、可锻铸铁及球墨铸铁等。

铸铁在铸造过程中经常产生气孔、渣孔、夹砂、缩孔、裂缝等缺陷和使用过程中产生超负荷、机械事故及自然损坏等现象,应根据铸铁的特点,采取相应焊补工艺进行修复。铸铁焊接很少应用。

铸铁焊补主要是灰铸铁的焊补。

铸铁焊补特点:

1. 产生白口,使焊缝硬度升高,加工困难或加工不平,焊补区呈白亮的一片或一圈(指熔合区)。

2. 产生裂缝,包括焊缝开裂、焊件开裂或焊缝与基本金属剥离。

由于铸铁的焊接性很差,因此焊接方法和焊接材料的选择、采用正确的焊补工艺尤为重要。

焊补铸铁的方法有手弧焊、气焊、钎焊、CO_2气体保护焊和手工电渣焊等。焊缝成分可分为铸铁型焊缝和非铸铁型焊缝，因而焊接材料可分为同质材料和异质材料，种类很多。根据铸件预热的温度，可分为热焊(600～700℃)、半热焊(400℃)和冷焊。热焊和半热焊采用同质焊接材料，大电流连续焊或气焊。冷焊要用异质焊接材料，小电流、断续、分散焊，并采用焊后立即锤击焊缝，消除焊接应力等工艺措施。另外可用栽丝法防止焊缝剥离。

（五）有色金属及合金的分类及焊接特点

有色金属是指钢铁材料以外的各种金属材料，所以又称非铁材料。有色金属及其合金具有许多独特的性能，例如导电性好、耐腐蚀性及导热性好等。所以有色金属材料在机电、仪表，特别是在航空、航天以及航海工业中具有重要的作用。我们在此仅介绍常用的铝、铜及其合金。

1. 铝及铝合金的分类

铝及合金可分为：

（1）纯铝：纯铝按其纯度分为高纯铝、工业高纯铝和工业纯铝三类。焊接主要是工业纯铝，工业纯铝的纯度为99.7%～98.8%，其牌号有L1、L2、L3、L4、L5、L6等六种。

（2）铝合金：往纯铝中加入合金元素就得到了铝合金。根据铝合金的加工工艺特性，可将它们分作形变铝合金和铸造铝合金两类。形变铝合金塑性好，适宜于压力加工。

形变铝合金按照其性能特点和用途可分为防锈铝（LF）、硬铝（LY）、超硬铝（LC）和锻铝（LD）四种。铸造铝合金按加入主要合金元素的不同，分为铝硅系（AL—Si）、铝铜系（Al—Cu）、铝镁系（Al—Mg）和铝锌系（Al—Zn）四种。

焊接结构中应用最广泛的是防锈铝（Al—Mg或Al—Mn合金）。

铝及铝合金的焊接特点是：

1) 表面容易氧化，生成致密的氧化膜，影响焊接。
2) 容易产生气孔。
3) 容易产生热裂纹。

铝及铝合金焊接主要采用氩弧焊、气焊、电阻焊等，其中氩弧焊（钨极氩弧焊和熔化极氩弧焊）应用最广泛。

铝及铝合金焊前应用机械法或化学清洗法去除工件表面氧化膜。焊接时钨极氩弧焊（TIG焊）采用交流电源，熔化极氩弧焊（MIG焊）采用直流反接，以获得"阴极破碎"作用，清除氧化膜。

2. 铜及铜合金的分类和焊接特点

（1）纯铜：纯铜常被称作紫铜。它具有良好的导电性、导热性和耐腐蚀性。纯铜用字母"T"（铜）表示，如T1、T2、T3等。氧的含量极低，不大于0.01%的纯铜称为无氧铜，用TU表示，如TU1、TU2等。

（2）黄铜：以锌为主要合金元素的铜合金称为黄铜。黄铜用"H"（黄）表示如H80、H70、H68等。

（3）青铜：以前把铜与锡的合金称作青铜，现在则把除了黄铜、白铜以外的铜合金称作青铜。常用的有锡青铜、铝青铜和铍青铜等。青铜用"Q"（青）表示。

铜及铜合金的焊接特点是：
1) 难熔合及易变形
2) 容易产生热裂纹
3) 容易产生气孔

铜及铜合金焊接主要采用气焊、惰性气体保护焊、埋弧焊、钎焊等方法。

铜及铜合金导热性能好，所以焊接前一般应预热，并采用大线能量焊接。钨极氩弧焊采用直流正接。气焊时，紫铜采用中性焰或弱碳化焰，黄铜则采用弱氧化焰，以防止合金成分锌的蒸发。

3. 奥氏体不锈钢的焊接

奥氏体不锈钢具有良好的焊接性，如在选择焊接材料和确定焊接工艺时，若忽视了奥氏体不锈钢含碳量、含铬量、铬镍含量比、稳定化元素钛、铌等含量及组织特征的不同，焊接接头会出现晶间腐蚀和热裂纹等问题。

1) 晶间腐蚀

奥氏体不锈钢产生晶间腐蚀的主要问题是焊缝及热影响区在加热到450～850℃（敏化温度区）并保持一定时间后，在这温度区域内碳由于活动能力增加迅速扩散到晶粒边界，与晶界上的铬化合成碳化铬。因铬的扩散比碳慢，结果使奥氏体晶粒边缘的含铬量减少而失去抗腐蚀能力，如果该区域恰好露在焊缝表面并与腐蚀介质接触时，腐蚀就沿着奥氏体晶边缘不断深入内部，破坏了晶粒间的相互结合导致焊接接头力学性能急剧降低，严重时在应力作用下发生断裂。

防止或减少焊件产生晶间腐蚀的措施：

控制含碳量。碳是造成晶间腐蚀的主要元素，应尽量降低奥氏体不锈钢中和焊接材料中的含碳量，减少析出碳的含量，避免产生贫铬区出现。因此，常控制基本金属和焊条的含碳量在0.08%以下，如0Cr18Ni10Ti钢板选用E308-15 A107/E347-15 A137焊条就属于这一类。

另外选用超低碳奥氏体不锈钢含碳量低于0.03%，即使在450～850℃的高温下加热，碳也能全部溶解在奥氏体中，不会形成贫铬区，因此也不会产生晶间腐蚀。如00Cr19Ni10Ti 00Cr17Ni14Mo2及00Cr19Ni13Mo3钢板的焊接，焊条可采用E316L-16其含碳量小于0.04%，焊后的焊缝具有良好的抗腐蚀性能。

2) 热裂纹

奥氏体不锈钢具有较高的焊接热裂纹敏感性。热裂纹以结晶裂纹为主，裂纹的起端、扩展及裂纹的止端均沿一次结晶界产生。奥氏体不锈钢焊后产生热裂纹的原因是金相组织、化学成分和焊接应力。单相奥氏体焊缝组织与加入少量铁素体而形成双相组织的焊缝相比对热裂纹更为敏感。

防止产生热裂纹的方法是：

a) 控制化学成分。一般来说，镍总是促进热裂纹的元素，钼则可减少热裂纹倾向，对 18-8 型不锈钢，应减少焊缝中镍、磷、硫的含量并增加铬、钼、锰等元素，可以减少热裂纹。

b) 采用合理的焊接工艺。焊接规范应采用小电流、快速度；操作上采用短弧焊、窄焊道技术，以提高熔池的冷却速度。

c) 焊前准备。为了避免焊接时碳和杂质混入焊缝，在焊前焊缝两侧 20～30mm 范围内用丙酮或酒精擦洗干净。

3）焊接工艺。对于不同的焊接方法有不同的焊接工艺。焊条电弧焊用于奥氏体不锈钢钢板焊接时，选用的焊接电流要比同规格的碳钢焊条小 20% 左右，以防止电阻热导致焊条发红使药皮失效，同时对防止晶间腐蚀和抗热裂纹也有好处。操作时采用快焊速及窄焊道，焊条最好不做横向和前后摆动，短弧焊接。多层焊时，每焊完一层需要彻底清除熔渣，对焊缝仔细检查，确认无缺陷后，并待前层焊缝冷却到 60℃ 以下时再焊下一层。多层焊时每层厚度不应超过 3mm，焊道不能超过焊条直径的 4 倍。必要时可在背面用冷水冷却。与腐蚀接触面的焊缝应最后焊接。

4）钨极手工氩弧焊最适合于奥氏体不锈钢的焊接，其特点是热量集中，热输入量控制正确，焊接热影响区不易过热，变形小。焊接时采用直流正接。焊接厚度 1mm 以下的不锈钢薄板，焊接时可不加焊丝。厚度大于 1mm 以上则需添加焊丝。钢板厚度大于 6mm 的不锈钢板可以采用多层多道焊。不锈钢管道焊接对接焊缝打底时管内应通入氩气，以防止内侧焊缝被氧化。

第三章 焊接与切割基础知识

第一节 焊接与切割概述

（一）焊接与切割的基本原理

在金属结构及其他机械产品的制造中常需将两个或两个以上的零件按一定的形式和尺寸连接在一起，这种连接通常分两大类，一类是可拆卸的连接，就是不必损坏被连接件本身就可以将它们分开、如螺栓连接等，见图 3-1。另一类连接是永久性连接，即必须在毁坏零件后才能拆卸，如焊接。

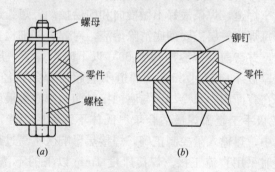

图 3-1 机械连接
(a)螺栓连接；(b)铆钉连接

焊接是指利用局部加热或加压，或两者并用，并且用或不用填充材料，使分离的两部分金属，通过原子的扩散与结合而形成永久性连接的一种工艺方法。

为了获得牢固地结合，在焊接过程中必须使被焊件彼此接近到原子间的力能够相互作用的程度。为此，在焊接过程中，必须对需要结合的地方通过加热使之熔化，或者通过加压（或者先加热到塑性状态后再加压），使之造成原子或分子间的结合与扩散，从而达到不可拆卸的连接，焊接结构要比铆接结构节约金属材料。

（二）焊接方法的分类

按照焊接过程中金属所处的状态及工艺的特点，可以将焊接方法分为熔化焊、压力焊和钎焊三大类。

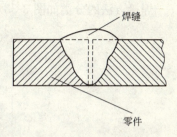

图 3-2　永久性连接焊接

熔化焊是利用局部加热的方法将连接处的金属加热至熔化状态而完成的焊接方法。在加热的条件下，增强了金属原子的功能，促进原子间的相互扩散，当被焊接金属加热至熔化状态形成液态熔池时，原子之间可以充分扩散和紧密接触，因此冷却凝固后，即可形成牢固的焊接接头。常见的气焊、电弧焊、电渣焊、气体保护焊、等离子弧焊等均属于熔化焊的范畴。

压力焊是利用焊接时施加一定压力而完成焊接的方法。这类焊接有两种形式，一是将被焊金属接触部分加热至塑性状态或局部熔化状态，然后施加一定压力，以使金属原子间相互结合形成牢固的焊接接头，如锻焊、接触焊、摩擦焊和气压焊等就是这种类型的压力焊方法。二是不进行加热，仅在被焊金属接触面上施加足够大的压力，借助于压力所引起的塑性变形，以使原子间相互接近而获得牢固的压挤接头，这种压力焊的方法有冷压焊、爆炸焊等。

钎焊是把比被焊金属熔点低的钎料金属加热熔化至液态，然后使其渗透到被焊金属接缝的间隙中而达到结合的方法。焊接时被焊金属处于固体状态，工件只适当地进行加热，没有受到压力的作用，仅依靠液态金属与固态金属之间的原子扩散而形成牢固的焊接接头。钎焊是一种古老的金属永久连接的工艺，但由于钎焊的金属结合机理与熔焊和压焊是不同的，并且具有一些特殊的性能，所以在现代焊接技术中仍占有一定的地位，常见的钎焊方法有烙铁钎焊、火焰钎焊、感应钎焊等多种方法。

焊接方法的分类如图 3-3 所示。

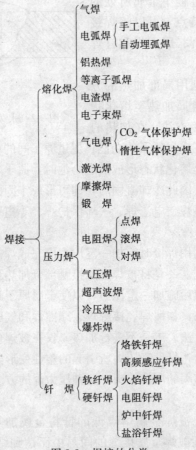

图 3-3　焊接的分类

（三）切割方法的分类

按照金属切割过程中加热方法的不同大致可以把切割方法分为火焰切割、电弧切割和冷切割三类。

1. 火焰切割

按加热气源的不同,分为以下几种。

(1) 气割

气割(即氧—乙炔切割)是利用氧—乙炔预热火焰使金属在纯氧气流中能够剧烈燃烧,生成熔渣和放出大量热量的原理而进行的。

(2) 液化石油气切割

液化石油气切割的原理与气割相同。不同的是液化石油气的燃烧特性与乙炔气不同,所使用的割炬也有所不同:它扩大了低压氧喷嘴孔径及燃料混合气喷口截面,还扩大了对吸管圆柱部分孔径。

(3) 氢氧源切割

利用水电解氢氧发生器,用直流电将水电解成氢气和氧气,其气体比例恰好完全燃烧,温度可达 2800~3000℃,可以用于火焰加热。

(4) 氧熔剂切割

氧熔剂切割是在切割氧流中加入纯铁粉或其他熔剂,利用它们的燃烧热和废渣作用实现气割的方法为氧熔剂切割。

2. 电弧切割

电弧切割按生成电弧的不同可分为:

(1) 等离子弧切割

等离子弧切割是利用高温高速的强劲的等离子射流,将被切割金属熔化并随即吹除、形成狭窄的切口而完成切割的方法。

(2) 碳弧气割

碳弧气割是使用碳棒与工件之间产生的电弧将金属熔化,并用压缩空气将其吹掉,实现切割的方法。

3. 束流热切割

(1) 激光切割

激光切割是利用激光束的热能把材料穿透,并使激光束移动而实现切割的方法。主要包括:

1) 激光-燃烧切割。激光-燃烧切割是利用激光束将适合于火焰切割的材料加热到燃烧状态而进行切割的方法。在加热部位含氧射流将材料加热至燃烧状态并沿移动方向进行时，产生的氧化物被切割氧流驱走而形成切口。

2) 激光-熔化切割。激光-熔化切割是利用激光束将可熔材料局部熔化的切割方法。熔化材料被气体（惰性的或反应惰性的气体）射流排出，在割炬移动或工件（金属或非金属）进给时产生切口。

3) 激光-升华切割。激光-升华切割是利用激光束局部加热工件，使材料受热部位蒸发的切割方法。高度蒸发的材料受气体（压缩空气）射流及膨胀的作用被驱出，在割炬移动或工件进给时产生切口。

(2) 电子束切割

电子束切割是利用电子束的能量将被切割材料熔化，熔化物蒸发或靠重力流出而产生切口。

第二节 焊接与切割技术的发展及应用

(一) 焊接与切割技术的发展概况

我国是一个最早应用焊接技术的国家。根据考古发现，远在战国时期的一些金属制品，就已采用了焊接技术。从河南辉县玻璃阁战国墓中出土的文物证实，其殉葬铜器的本体、耳、足就是利用钎焊来连接的；在800多年前宋代科学家沈括所著的《梦溪笔谈》一书，就提到了焊接方法。其后，在明代科学家宋应星所著的《天工开物》一书中，对锻焊和钎焊技术也作了详细的叙述。上述事实说明，我国是一个具有悠久的焊接历史的国家。

气焊大约是在1892年前后出现，那时使用的是氢气—氧气混合气体。氢氧混合气体的燃烧温度最高能达到2000℃左右，因此，只能焊接较薄的工件，而且使用氢气很不安全，容易发生爆炸事故。所以，在工业上未被广泛采用。

到了1895年，发明了用电炉制造碳化钙（俗称电石）的方法之后，又发现了乙炔气（电石与水接触后产生的气体）和氧气混合燃烧,可以得到更高的温度(3200℃),在1903年,氧气—乙炔气火焰被运用到金属焊接上去,奠定了气焊技术的基础。

近代主要的焊接技术—电弧焊,是在电能成功地应用于工业生产之后发展起来的。20世纪初,作为焊接设备的正式产品——手工电弧焊机问世。20年代后期电阻焊和40年代后期埋弧焊、惰性气体保护焊相继获得应用,50年代CO_2气电焊、电渣焊、摩擦焊、电子束焊、超声波焊和60年代等离子弧焊、激光焊、光束焊相继出现,使焊接技术达到了新的水平。近年来,太阳能焊机、冷压焊机等新型焊接设备开始研制,特别是在焊接生产自动化及电子计算机在焊接切割生产中的应用方面有很大发展,将会使焊接切割技术的发展达到一个新阶段。

(二)焊接与切割的应用

焊接是一种应用范围很广的金属加工方法,与其他热加工方法相比,它具有生产周期短、成本低,结构设计灵活,用材合理及能够以小拼大等一系列优点,从而在工业生产中得到了广泛的应用。如造船、电站、汽车、石油、桥梁、矿山机械等行业中,焊接已成为不可缺少的加工手段。在世界主要的工业国家里每年钢产量的45%左右要用于生产焊接结构。在制造一辆小轿车时,需要焊接5000～12000个焊点,一艘30万吨油轮要焊1000km长的焊缝,一架飞机的焊点多达20～30万个。此外,随着工业的发展,被焊接的材料种类也愈来愈多,除了普通的材料外,还有如超高强钢、活性金属、难熔金属以及各种非金属的焊接。同时,由于各类产品日益向着高参数(高温、高压、高寿命)、大型化方向发展,焊接结构越来越复杂,焊接工作量越来越大,这对于焊接生产的质量、效率等提出了更高的要求。同时也推动了焊接技术的飞速发展,使它在工业生产中的应用更为广阔。

(三)焊接切割安全技术的重要性

随着生产的发展,焊接技术的应用愈来愈广泛,与此同时,伴随出现的各种不安全、不卫生的因素严重地威胁着焊工及其他生产人员的安全与健康。为切实保护建筑工人的安全与健康,原国家经贸委于1999年发布的第13号主任令《特种作业人员安全技术培训考核管理办法》和国家标准GB 5306—85《特种作业人员安全技术考核管理规则》中都明确规定：金属焊接（气割）作业是特种作业，直接从事特种作业者，称特种作业人员。特种作业人员，必须进行与工种相适应的、专门的安全技术理论学习和实际操作训练，并经考核合格取得原国家经贸委统一监制的安全技术操作证后方准独立作业。

特种作业是指容易发生人员伤亡事故，对操作者本人、他人及周围设施的安全有重大危害的作业。直接从事这些作业的人员，即特种作业人员的安全技术素质及行为对于安全状况是至关重要的，许多重大、特大事故就是因为这些作业人员的违章造成的。鉴于特种作业人员在安全生产工作中的重要性，《劳动法》、《矿山安全法》、《煤炭法》等法律法规都对特种作业人员的培训、考核、管理提出了要求。

建筑施工特种作业人员是指在房屋建筑和市政工程施工活动中，从事可能对本人、他人及周围设施设备的安全造成重大危害的作业人员。《建筑施工特种作业人员管理规定》于2008年4月28日由住房和城乡建设部以建质［2008］75号文件下发，自2008年6月1日起施行。该文件规定了建筑施工特种作业人员的范围、条件、考核、证书发放、从业和监督管理等。建筑施工特种作业人员的培训、考核发证工作，已经成为安全生产监督管理的一项基本内容。

建筑施工现场操作工人在焊接切割工作过程中需要与各种易燃易爆气体、压力容器和电机电器接触。焊接过程中会产生有毒气体、有害粉尘、弧光辐射、高频电磁场、噪声和射线等。上述危害因素在一定条件下可能引起爆炸、火灾、烫伤、急性中毒（锰中毒）、血液疾病、电光性眼炎和皮肤病等职业病症。此外还可能危及设备、厂房和周围人员安全，给国家和企业带来损失。

学习焊割安全技术的目的在于使建筑业的操作工人掌握焊割的基本原理，操作安全及防护的方法，严格执行国家标准《焊接与切割安全》(GB 9448—1999)及各项有关安全操作规程，保证安全生产以及遇到紧急情况时能及时做出适当的处理，从而保护操作者自己和周围人员及厂房设备不遭到损害。随着焊接新技术的不断出现，劳动保护的措施也要不断地发展才能适应安全工作的需要。焊接安全技术研究的主要内容是防火、防爆、防触电以及在尘毒、磁场、辐射等条件下如何保障工人的身心健康，实现安全操作。焊割工人只有详细地了解焊割生产过程的特点和焊接工艺、工具及操作方法，才能深刻地理解和掌握焊割安全技术的措施，严格地执行安全规程和实施防护措施，从而保证安全生产，避免发生事故。

第四章 常用电弧焊安全操作技术

第一节 焊条电弧焊安全操作技术

焊条电弧焊是指用手工操作焊条进行焊接的电弧焊方法。电弧焊是一种利用焊接电弧把电能转化为热能,使焊条金属和母材熔化形成焊缝的焊接方法。焊条电弧焊是目前生产中应用最多、最普遍的一种金属焊接方法。

一、焊条电弧焊的焊接过程构成

焊条电弧焊由弧焊电源、焊接电缆、焊钳、焊条、焊件和电弧构成,见图4-1。

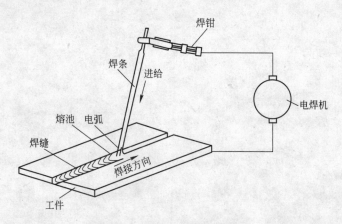

图4-1 焊条电弧焊的焊接过程

焊接时采用接触短路引弧方法,当焊条的一端与焊件接触,引燃电弧后提起焊条并保持一定的距离,在弧焊电源提供的一定焊接电流和电弧电压下稳定燃烧。在电弧的高温作用下,焊条和焊件局部被加热到熔化状态,焊条引弧端熔化后的填充金属和被熔化的母材金属熔合在一起形成熔池，随着电弧的不断操纵移动，熔池中的液态金属逐步冷却结晶后便形成了焊缝。

在焊接过程中，液态金属与液态熔渣和气体之间进行脱氧、脱硫、脱磷、去氢和渗合金元素等复杂的焊接冶金反应，从而使焊缝金属获得所需的化学成分和力学性能。

二、焊条电弧焊的特点

1. 设备简单、成本低

焊条电弧焊的电源设备结构简单，便于维护、保养和维修。设备轻巧，便于移动。设备使用安装方便，操作简单。投资少，成本低。

2. 工艺灵活，适应性广

焊条电弧焊适用于碳素钢、合金钢、不锈钢、铸铁、铜及其合金、铝及其铝合金等的焊接。可进行不同位置、接头形式、焊件厚度及结构复杂焊接部位的焊接。对于一些不规则的焊缝、不易实现机械化焊接的焊缝以及在狭窄空间位置等的焊接，焊条电弧焊显得工艺更灵活，适应性更广、更强。

3. 劳动强度高、效率低

焊条电弧焊采用的焊条长度有限，不能连续施焊，因此效率低。同时采用人工操作，劳动条件差，劳动强度大，焊缝质量主要靠焊工的操作技能水平。

三、焊接电弧

焊接电弧是指由焊接电源供给的，具有一定电压的两电极间或电极与焊件间，在气体介质中产生的强烈而持久的放电现象。当焊条的一端与焊件接触时，造成短路，产生高温，使相接触的金属很快熔化并产生金属蒸气。当焊条迅速提起 2~4mm 时，在电场的作用下，阴极表面开始产生电子发射。这些电子在向阳级高速运动的过程中，与气体分子、金属蒸气中的原子相互碰撞，造成介质和金属的电离。由电离产生的自由电子和负离子奔向阳极，正离子则奔向阴极。在它们运动过程中和到达两极时不断碰撞和复合，使动能变为热能，产生了大量的光和热。其宏观表现是强烈而持久的放电现象,即电弧。电弧产生并维持燃烧的重要条件是必须使两个电极间的气体变成导电体。

焊接电弧组成:焊接电弧由阴极区、阳极区和弧柱区三部分组成。

1)阴极区:在阴极的端部,是向外发射电子的部分。发射电子需消耗一定的能量,因此阴极区产生的热量不多,放出热量占电弧总热量的36%左右。

2)阳极区:在阳极的端部,是接收电子的部分。由于阳极受电子轰击和吸入电子,获得很大能量,因此阳极区的温度和放出的热量比阴极高些,约占电弧总热量的43%左右。

3)弧柱区:是位于阳极区和阴极区之间的气体空间区域,长度相当于整个电弧长度。它由电子、正负离子组成,产生的热量约占电弧总热量的21%左右。弧柱区的热量大部分通过对流、辐射散失到周围的空气中。

电弧中各部分的温度因电极材料不同而有所不同。如用碳钢焊条焊碳钢焊件时,阴极区的温度约为2400K,阳极区的温度约为2600K,电弧中心的温度高达6000~8000K。

焊接电弧的极性及应用:由于直流电焊时,焊接电弧正、负极上热量不同,所以采用直流电源时有正接和反接之分。所谓正接是指焊条接电源负极,焊件接电源正极,此时焊件获得热量多,温度高,熔池深,易焊透,适于焊厚件;所谓反接是指焊条接电源正极,焊件接电源负极,此时焊件获得热量少,温度低,熔池浅,不易焊透,适于焊薄件。如果焊接时使用交流电焊设备,由于电弧极性瞬时交替变化,所以两极加热一样,两极温度也基本一样,不存在正接和反接的问题。

四、焊条电弧焊电源设备及工具

(一)弧焊机

按产生电流种类不同,可分为直流弧焊机和交流弧焊机两大类。

1. 交流弧焊机实际上是符合焊接要求的降压变压器,它将220V或380V的电源电压降到60~80V(即焊机的空载电压),

从而既能满足引弧的需要，又能保证人身安全。焊接时，电压会自动下降到电弧正常工作时所需的工作电压20～30V，满足了电弧稳定燃烧的要求。输出电流是交流电，可根据焊接的需要，将电流从几十安培调到几百安培。它具有结构简单、制造方便、成本低、节省材料，使用可靠和维修容易等优点，缺点是电弧稳定性不如直流弧焊机，交流焊机的型号表示是BX，对有些种类的焊条不适用。

2. 直流弧焊机又可分为两类：直流弧焊发电机和弧焊整流器。

直流弧焊发电机是由交流电动机和直流发电机组成，如图4-2所示，电动机通过带动发电机运转，从而发出满足焊接要求的直流电。其特点是能得到稳定的直流电，因此，引弧容易，电弧稳定，焊接质量好，但是构造复杂，制造和维修较困难，成本高，使用时噪声大。因此，一般只用在对电流有特殊要求的场合。

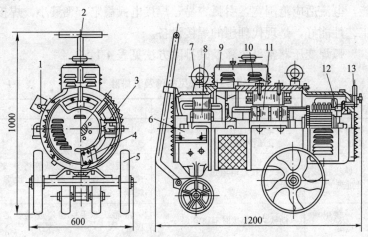

图4-2 AX-320-1型弧焊发电机的构造

1—二次出线柱；2—牵引手柄；3—主极；4—交极；5—滚轮；
6—电源接线；7—吊环；8—电动机；9—变阻器；10—直流定子；
11—电焊发电机；12—电刷架；13—电流调节手柄

弧焊整流器是通过交流电整流而获得直流电的,如图4-3所示。弥补了交流电焊机电弧稳定性不好的缺点。与直流弧焊发电机相比,它没有转动部分,因此具有噪声小,空载,耗电少,节省材料,成本低,制造与维修容易等优点。

目前,在众多工业发达的国家,弧焊整流器的数量已大大超过弧焊发电机的数量。我国近年来在这方面也有很大进步,弧焊整流器有取代弧焊发电机的趋势。此外,新一代弧

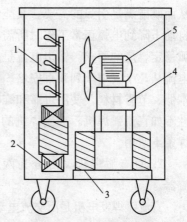

图4-3 硅整流电弧焊机
1—硅整流器组;2—三相变压器;
3—三相磁饱和电抗器;4—输出
电抗器;5—通风机组

焊电源逆变式电焊机已经问世并得以推广。其特点是:高效节能,电流适应范围宽,引弧容易,焊接电弧稳定,飞溅小,焊接工艺性能好,是现代理想的焊接设备。

弧焊变压器常见故障及其排除方法见表4-1。

弧焊变压器常见故障及其排除 表4-1

故障	可能产生的原因	排除方法
弧焊变压器过热	1. 变压器过载 2. 变压器绕组短路	1. 减小使用电流 2. 消除短路处
导线接线处过热	接线处接触电阻过大或接触处螺母太松	将接线松开,用砂纸等将导线接触处清理出金属光泽,旋紧螺母
焊接电流不稳定	动铁芯在焊接时不稳定	将动铁芯手柄固定或动铁芯固定
焊接电流过小	1. 焊接导线过长,电阻大 2. 焊接导线盘绕起来,使电感增大 3. 电缆线接头或与工件接触不良	1. 减小导线长度或增大导线直径 2. 将导线盘形放开 3. 使接头处接触良好

续表

故障	可能产生的原因	排除方法
焊机输出电流反常（过大或过小）	1. 电路中起感抗作用的线圈绝缘损坏时，引起电流过大 2. 铁芯磁回路中由于绝缘损坏产生涡流，引起电流变小	检查电路或磁路中的绝缘情况排除故障

3. 弧焊发电机

弧焊发电机也称直流弧焊机。它是由三相感应电动机与直流焊接发电机组成。制造时，通常将电动机、焊接发电机装在同一轴上和同一机身内构成电动机—发电机组。

直流焊接发电机的发电原理与一般的直流发电机相同，是建立在电磁感应基础上，但附加了特殊的结构，使其具有陡降的外特性和良好的动特性。焊接电源在其他参数不变的情况下，其电弧电压与输出电流之间的关系称为焊接电源外特性。按其结构特点可分为差复激式、裂极式、横磁场式等，目前常用的有 AX—320、AX—500 等。

弧焊发电机常见故障及其排除方法见表 4-2。

弧焊发电机常见故障及其排除　　　　表 4-2

故障	可能产生的原因	排除方法
电动机反转	三相电动机与电网接线错误	三相线中任意两相调换
电动机不启动并发出嗡嗡声	1. 三相保险丝中某一相熔断 2. 电动机定子线圈断路	1. 更新新保险丝 2. 消除新断路处
焊接过程中电流忽大忽小	1. 电缆与焊件接触不良 2. 网路电压不稳 3. 电流调节器可动部分松动 4. 电刷和铜头接触不良	1. 使电缆线与焊件接触良好 2. 固定电流调节器松动部分 3. 使电刷与铜头接触良好
焊机过热	1. 焊机过载 2. 电枢线圈短路 3. 换向器短路 4. 换向器脏污	1. 减小焊接电流 2. 消除短路处 3. 清理换向器去除污垢

续表

故障	可能产生的原因	排除方法
导线接触处过热	接触处接触电阻过大或接线处螺丝过松	将接线松开,用砂纸等把接触导电处清理出金属光泽,然后旋紧螺母
电刷有火花,随后全部换向片发热	1. 电刷没磨好 2. 电刷盒的弹簧压力弱 3. 电刷在刷盒中跳动或摆动 4. 电刷架歪曲,超过允差范围或未旋紧 5. 电刷边直线不与换向片边对准	1. 研磨电刷;在更换新电刷时,数量不能多于电刷总数的1/3 2. 调整压力,必要时调整架框 3. 使电刷与刷盒夹的间隙不超过0.3mm 4. 修理电刷架 5. 校正每组电刷,使它与换向片排成一直线
换向器片组大部分发黑	换向器振动	用千分表检查换向器,使摆动不超过0.03mm
电刷下有火花且个别换向片有炭迹	换向器分离,即个别换向片突出或凹下	用细浮石研磨,若无效则用车床车削
一组电刷中个别电刷跳火	1. 接触不良 2. 在无火花电刷的刷绳线间接触不良,因此引起相邻电刷过载并跳火	1. 观察接触表面,松开螺丝,清除污物 2. 更换不正常的电刷,排除故障
直流焊接发电机极性充反,先是突然无电压,而后极性改变	由于在焊机并联使用时,并联不当,各台型号、使用年限及空载电压等的差异,致使其中某台被充上反向剩磁的缘故	将被改变极性的焊机拆出并联回路,用一台正常焊机与其相接(正接正、负接负)此时启动正常焊机,极性充反焊机成为电动机开始转动,几秒钟即被重新充磁

4. 弧焊整流器

弧焊整流器是将交流电通过整流转换为直流电的一种焊接电源,这类焊机由于多采用硅整流元件进行整流,故称为硅整流焊机。与旋转式直流焊机相比,具有噪声小、空载损耗小、效率高、成本低及制造维修方便等优点。弧焊整流器主要由三相降压变压器、磁饱和电抗器、硅整流器、输出电抗器等部分组成。国产弧焊整流器主要是 ZXG 系列，常用的有 ZXG—300、ZXG—500 等。

弧焊整流器常见故障及其排除方法见表 4-3。

弧焊整流器常见故障及其排除　　　　　　　　表 4-3

故障	可能产生的原因	排除方法
机壳漏电	1. 电源线误碰机壳 2. 变压器、电抗器、风扇及控制线路元件等碰机壳 3. 未接地线或接地不良	1. 消除触碰处 2. 消除触碰处 3. 接牢接地线
空载电压过低	1. 电源电压过低 2. 变压器绕组短路	1. 调高电源电压 2. 消除短路
电流调节失灵	1. 控制绕组短路 2. 控制回路接触不良 3. 控制回路元件击穿	1. 消除短路 2. 使接触良好 3. 更换元件
电流不稳定	1. 主回路接触器抖动 2. 风压开关抖动 3. 控制回路接触不良，工作失常	1. 消除抖动 2. 消除抖动 3. 检修控制回路
工作中焊接电压突然降低	1. 主回路部分或全部短路 2. 整流元件击穿短路 3. 控制回路断路或电位器未调整好	1. 修复线路 2. 更换元件，检查保护线路 3. 检修调整控制回路
风扇电机不转	1. 熔断器熔断 2. 电动机引线或绕组断线 3. 开关接触不良	1. 更换熔断器 2. 接妥或修复 3. 使接触良好
电表无指示	1. 电表或相应接线短路 2. 主回路出故障 3. 饱和电抗器和交流绕组断线	1. 修复电表 2. 排除故障 3. 排除故障

（二）焊条电弧焊工具

1. 电焊钳

电焊钳是一种夹持器，焊工用焊钳能夹住和控制焊条，并起着从焊接电缆向焊条传导焊接电流的作用，所以焊钳绝缘必须完好。焊钳分为各种规格，以适应各种标准焊条直径。对电焊钳的一般要求是：导电性能好，重量轻，焊条夹持稳固，换装焊条方便等。

电焊钳有 300A 和 500A 两种，常用型号为 G-352，能安全通过 300A 电流，连接焊接电缆的孔径为 14mm，适用焊条直径为 2～5mm。

2. 焊接电缆

焊接电缆是焊接回路的一部分，它的作用是传导电流，一般用多股紫铜软线制成，绝缘性好，必须耐磨和耐擦伤。焊接电缆可制成各种规格，焊接电缆的选用要根据焊接所用的最大电流、焊接电路的长度等具体情况来选用。

3. 弧焊工具

(1) 电焊面罩

面罩的用途是保护焊工面部不受电弧的直接辐射与飞出的火星和飞溅物的伤害，还能减轻烟尘和有害气体等对人体呼吸器官的损伤。面罩有手持式、头戴式及吹风式等形式，焊接时可根据实际情况选用。

(2) 护目玻璃

护目玻璃又称黑玻璃，镶嵌在面罩里，用以减弱弧光的强度，吸收大部分红外线和紫外线，来保护焊工眼睛免受弧光的灼伤。可根据焊接电流大小来选择护目玻璃的色号，护目玻璃的色号由浅到深分为 6、7、8、9、10、11、12 号，共 6 种规格。当使用的焊接电流在 100～350A 时，一般选用护目镜片号为 9 号或者 10 号。

(3) 防护服

在焊接过程中往往会从电弧中飞出火花或熔滴，特别是在非平焊位置或采用非常高的焊接电流焊接时，这种飞溅就更加严重。为了避免烧伤，焊工加强个人保护即应穿戴齐全防护用品，如白帆布工作服、绝缘手套、绝缘鞋等。

（4）其他工具

为了保证焊件的质量，在焊接前，必须将焊件表面上的油垢、锈以及一些其他杂质除掉，因此，焊工应备有钢丝刷、锤子、凿子和尖锤。

五、焊条

在焊接过程中焊条作为电极形成电弧，并在电弧热的作用下熔化、过渡到熔池中，形成焊缝金属。因此焊条必须具备以下特点：引弧容易、稳弧性好、对熔化金属有良好的保护作用、便于形成合乎要求的焊缝。所以，它的组成不仅有作为填充金属主要来源的焊芯，而且还有作为引弧、稳弧等作用的药皮。

1. 焊芯焊条中被药皮包覆的金属芯称为焊芯，焊芯是组成焊缝金属的主要材料。它的主要作用是导电、产生电弧和维持电弧燃烧，并作为填充金属与母材熔合成一体，组成焊缝。为了保证焊缝质量，焊芯必须由专门生产的金属丝制成，这种金属丝称为焊丝，它具有一定的直径和长度，焊芯的直径称为焊条直径，焊芯的长度即焊条长度。

2. 常用的碳钢焊条型号的编制是根据 GB/T 5117—1995 规定，用字母"E"表示焊条型号，用前两位数字表示熔敷金属抗拉强度的最小值，第三位数字表示焊条的焊接位置，第三和第四位数字组合表示焊接电流种类及药皮类型。此处说的熔敷金属是指完全由填充金属熔化后所形成的焊缝金属。焊接位置是指熔焊时焊件接缝所处的空间位置（如平、横、立、仰等），例如：

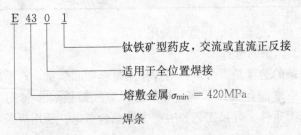

E 43 0 1
- 钛铁矿型药皮，交流或直流正反接
- 适用于全位置焊接
- 熔敷金属 $\sigma_{min} = 420$MPa
- 焊条

3. 另外,焊条还可根据药皮中氧化物的性质分为酸性焊条和碱性焊条。所谓酸性焊条是指药皮中含有多量酸性氧化物(如:SiO_2、TiO_2等)的焊条。E4303 焊条就是一种典型的酸性焊条。酸性焊条的特点是:电弧稳定,飞溅少,易脱渣,焊接时产生的有害气体少,但焊缝中氧化夹杂物较多,焊缝的塑性、韧性和抗裂性能较差。所谓的碱性焊条是指药皮中含有多量碱性氧化物(如 CaO、Na_2O 等)的焊条。E5015 是一种典型的碱性焊条,适合于全位置焊接,碱性焊条的特点是:焊缝金属中含氢量很低,焊缝金属的力学性能和抗裂性能都比酸性焊条好,但是焊接过程中飞溅较大,焊缝表面粗糙,不易脱渣,产生较多的有毒烟尘,容易产生气孔。碱性焊条和酸性焊条的特性对比见表 4-4。

碱性焊条和酸性焊条的特性对比 表 4-4

酸性焊条(E4303)	碱性焊条(E5015)
1. 对水、铁锈的敏感性不大,使用前经 100~150℃烘烤 1~2 小时。	1. 对水、铁锈的敏感性较大,使用前经 350~400℃烘烤 1~2 小时。
2. 电弧稳定,可用交流或直流电源焊接。	2. 须直流反接焊接,药皮加稳弧剂后,可交流、直流两用焊接。
3. 使用的焊接电流较大。	3. 比同规格酸性焊条的电流小 10%左右。
4. 焊接时可使用长弧焊接。	4. 须短弧焊接,否则易产生气孔。
5. 合金元素过渡较差。	5. 合金元素过渡效果较好
6. 熔深较浅,焊缝成性较好。	6. 熔深稍深,焊缝成性一般。
7. 熔渣成玻璃状,脱渣容易。	7. 熔渣呈结晶状,脱渣不及酸性焊条。
8. 焊缝的常温、低温冲击韧度一般。	8. 焊缝的常温、低温冲击韧度较高。
9. 焊缝的抗裂性较差。	9. 焊缝抗裂性好。
10. 焊缝的含氢量较高,影响塑性。	10. 焊缝的含氢量低。
11. 焊接时烟尘较少	11. 焊接时烟尘稍多

4. 焊条的选择、保管和使用

(1) 焊条的选择

焊条的选择是否合理,对焊接质量、产品质量、产品成本和劳动生产率都有很大影响。焊条选择应根据被焊金属的力学性能、施工条件、焊接工艺和生产率等综合考虑。选用焊条应考虑以下原则：

1）根据被焊材料的力学性能、化学成分选择，焊接时，可按结构钢强度等级来选择相应强度的焊条。对于碳素结构钢，通常要求焊缝金属与母材等强度，即焊缝强度等于母材强度。要指出的是不能认为焊缝强度越高越好，焊缝强度过高，反而会引起接头脆性增加，甚至产生裂纹等缺陷。对于合金结构钢，通常要求焊缝金属的主要合金成分与母材金属相同或接近。

2）根据焊件的工作条件和使用性能选择。焊条的强度确定后，再决定选择酸性焊条还是碱性焊条。这主要取决于焊件承受载荷情况、钢材的抗裂性能等。通常对于塑性好、冲击韧性高、抗裂能力强、低温条件下工作的焊缝，一般选用碱性焊条。当受到某种条件限制而无法清理碳钢件坡口处的铁锈、油污和氧化物时，可选用酸性焊条或交、直流两用的焊条。

根据焊件的结构特点和受力状态选择。对于结构刚性较大及厚度大的焊件，由于焊接过程中产生很大的应力，容易使焊缝产生裂纹，应选用抗裂性较好的低氢型焊条。对于受条件限制不能翻转的焊件，有些焊缝处于非平焊位置，应选用全位置的焊条。

根据施工条件、生产率及经济性选择。在没有直流电源而焊接结构又要求必须使用低氢型焊条的场合，应选用交、直流两用的低氢型焊条。

（2）焊条的保管和使用

1）各种焊条必须分类、分牌号存放，以免混乱和错用焊条造成质量事故。

2）焊条必须存放在干燥和通风良好的仓库内，须垫高并离墙0.3m以上，使上下左右空气流通。

3）重要焊接工程使用的焊条，特别是低氢型焊条，最好储存在专用仓库内，室内保持一定的温度。建议温度为10~25℃，相对湿度<60%。

4）焊条的密封包装应随用随拆。

（3）焊条的使用

1）焊条应该有制造厂的产品质量合格证。凡是无合格证或质量有怀疑时，应按批抽查检验，合格后方可使用。（重要部位的焊接必须按照 GB 50205 标准规定要求进行焊条复验）指：建筑结构安全等级为一级的一、二级焊缝。建筑等级为二级的一级焊缝。

2）焊条复验内容有熔敷金属试验、抗拉、屈服、断面收缩、延伸率五大元素。

3）如焊条发现有铁锈，须经检验合格后才能使用。

4）焊条使用前，应按说明书规定的烘干温度烘干。碱性焊条烘干温度为 350～400℃达到温度后保温 1～2 小时。酸性焊条烘干温度为 100～150℃，保温 1～2 小时。焊条从干燥箱内取出的焊条 4 小时后应该进行重新干燥。重复烘烤次数不宜超过 2 次。

六、焊条电弧焊的基本操作

焊条电弧焊最基本的操作是引弧、运条和收尾。

（一）引弧

能使引弧容易、燃烧稳定，并具有电弧突然拉长、不易熄灭、飞溅少等特性，焊接电源应满足良好的动特性。引弧即产生电弧。焊条电弧焊是采用低电压、大电流放电产生电弧，依靠电焊条瞬时接触工件实现。手工电弧焊时要求焊接回路的电压降应不大于 4V。引弧时必须将焊条末端与焊件表面接触形成短路，然后迅速将焊条向上提起 2～4mm 的距离，此时电弧即引燃。引弧的方法有两种：碰击法和擦划法，详见图 4-4。

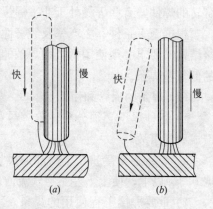

图 4-4 引弧方法
（a）碰击法；（b）擦划法

1. 碰击法。也称点接触法或称敲击法。碰击法是将焊条与工件保持一定距离，然后垂直落下，使之轻轻敲击工件，发生短路,再迅速将焊条提起,产生电弧的引弧方法。此种方法适用于各种位置的焊接。

2. 擦划法。也称线接触法或称摩擦法。擦划法是将电焊条在坡口上滑动,成一条线,当端部接触时,发生短路,因接触面很小,温度急剧上升,在未熔化前,将焊条提起,产生电弧的引弧方法。此种方法易于掌握,但容易弄脏坡口,影响焊接质量。

上述两种引弧方法应根据具体情况灵活应用。擦划法引弧虽比较容易,但这种方法使用不当时,会擦伤焊件表面。为尽量减少焊件表面的损伤,应在焊接坡口处擦划,擦划长度以20～25mm为宜。在狭窄的地方焊接或焊件表面不允许有划伤时,应采用碰击法引弧。碰击法引弧较难掌握,焊条的提起动作太快并且焊条提得过高,电弧易熄灭;动作太慢,会使焊条粘在工件上。当焊条一旦粘在工件上时,应迅速将焊条左右摆动,使之与焊件分离;若仍不能分离时,应立即松开焊钳切断电源,以免短路时间过长而损坏电焊机。

3. 引弧的技术要求。在引弧处,由于钢板温度较低,焊条药皮还没有充分发挥作用,会使引弧点处的焊缝较高,熔深较浅,易产生气孔,所以通常应在焊缝起始点后面10mm处引弧,如图4-5。引燃电弧后拉长电弧,并迅速将电弧移至焊缝起点进行预热。预热后将电弧压短,酸性焊条的弧长约等于焊条直径,碱性焊条的弧长应为焊条直径的一半左右,进行正常焊接。采用上述引弧方法即使在引弧处产生气孔,也能在电弧第二次经过时,将这部分金属重新熔化,使气孔消除,并且不会留引弧伤痕。为了保证焊缝起点处能够焊透,焊条可作适当的横向摆动,并在坡口根部两侧稍加停顿,以形成一定大小的熔池。

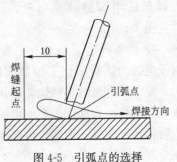

图4-5 引弧点的选择

引弧对焊接质量有一定的影响,经常因为引弧不好而造成始焊的缺陷。综上所述,在引弧时应做到以下几点:

1) 工件坡口处无油污、锈斑,以免影响导电能力和防止熔池产生氧化物。

2) 在接触时,焊条提起时间要适当。太快,气体未电离,电弧可能熄灭;太慢,则使焊条和工件粘在一起,无法引燃电弧。

3) 焊条的端部要有裸露部分,以便引弧。若焊条端部裸露不均,则应在使用前用锉刀加工,防止在引弧时,碰击过猛使药皮成块脱落,引起电弧偏吹和引弧瞬间保护不良。

4) 引弧位置应选择适当,开始引弧或因焊接中断重新引弧,一般均应在离始焊点后面 10~20mm 处引弧,然后移至始焊点,待熔池熔透再继续移动焊条,以消除可能产生的引弧缺陷。

(二) 运条

电弧引燃后,就开始正常的焊接过程。为获得良好的焊缝成形,焊条得不断地运动。焊条的运动称为运条。运条是电焊工操作技术水平的具体表现。焊缝质量的优劣、焊缝成形的好坏,主要由运条来决定。

操纵焊条由三个基本运动合成,分别是焊条的送进运动、焊条的横向摆动运动和焊条的沿焊缝移动运动,详见图 4-6。

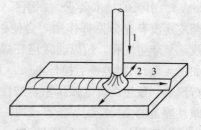

图 4-6 焊条的三个基本操纵运动
1—焊条送进;2—焊条摆动;3—沿焊缝移动

1. 焊条的送进运动。主要是用来维持所要求的电弧长度。由于电弧的热量熔化了焊条端部,电弧逐渐变长,有熄弧的倾向。要保持电弧继续燃烧,必须将焊条向熔池送进,直至整根焊条焊完为止。为保证一定的电弧长度,焊条的送进速度应与焊条的熔化速度相等,否则会引起电弧长度的变化,影响焊缝的熔宽和熔深。

2. 焊条的摆动和沿焊缝移动。这两个动作是紧密相连的，而且变化较多、较难掌握。通过两者的联合动作可获得一定宽度、高度和熔深的焊缝。所谓焊接速度即单位时间内完成的焊缝长度。如图 4-7，表示焊接速度对焊缝成形的影响。焊接速度太慢，会焊成宽而局部隆起的焊缝；太快，会焊成断续细长的焊缝；焊接速度适中时，才能焊成表面平整，焊波细致而均匀的焊缝。

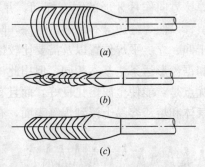

图 4-7 焊接速度对焊缝成形的影响
(a)太慢；(b)太快；(c)适中

3. 运条手法。为了控制熔池温度，使焊缝具有一定的宽度和高度，在生产中经常采用下面几种运条手法。

1) 直线形运条法。采用直线形运条法焊接时，应保持一定的弧长，焊条不摆动并沿焊接方向移动。由于此时焊条不作横向摆动，所以熔深较大，且焊缝宽度较窄。在正常的焊接速度下，焊波饱满平整。此法适用于板厚 3~5mm 的不开坡口的对接平焊、多层焊的第一层焊道和多层多道焊。

2) 直线往返形运条法。此法是焊条末端沿焊缝的纵向作来回直线形摆动，如图 4-8 所示，主要适用于薄板焊接和接头间隙较大的焊缝。其特点是焊接速度快，焊缝窄，散热快。

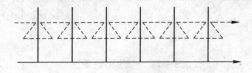

图 4-8 直线往返形运条法

3) 锯齿形运条法。此法是将焊条末端作锯齿形连续摆动并向前移动，如图 4-9 所示，在两边稍停片刻，以防产生咬边缺陷。这种手法操作容易、应用较广，多用于比较厚的钢板的焊接，适用于平焊、立焊、仰焊的对接接头和立焊的角接接头。

4）月牙形运条法。如图 4-10 所示，此法是使焊条末端沿着焊接方向作月牙形的左右摆动，并在两边的适当位置作片刻停留，以使焊缝边缘有足够的熔深，防止产生咬边缺陷。此法适用于仰、立、平焊位置以及需要比较饱满焊缝的地方。其适用范围和锯齿形运条法基本相同，但用此法焊出来的焊缝余高较大。其优点是，能使金属熔化良好，而且有较长的保温时间，熔池中的气体和熔渣容易上浮到焊缝表面，有利于获得高质量的焊缝。

图 4-9　锯齿形运条法　　　　图 4-10　月牙形运条法

5）三角形运条法。如图 4-11 所示，此法是使焊条末端作连续三角形运动，并不断向前移动。按适用范围不同，可分为斜三角形和正三角形两种运条方法。其中斜三角形运条法适用于焊接 T 形接头的仰焊缝和有坡口的横焊缝。其特点是能够通过焊条的摆动控制熔化金属，促使焊缝成形良好。正三角形运条法仅适用于开坡口的对接接头和 T 形接头的立焊。其特点是一次能焊出较厚的焊缝断面，有利于提高生产率，而且焊缝不易产生夹渣等缺陷。

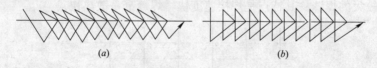

(a)　　　　　　　　　　(b)

图 4-11　三角形运条法
(a)斜三角形运条法；(b)正三角形运条法

6）圆圈形运条法。如图 4-12 所示，将焊条末端连续作圆圈运动，并不断前进。这种运条方法又分正圆圈和斜圆圈两种。正圆圈运条法只适于焊接较厚工件的平焊缝，其优点是能使熔化金属有足够高的温度,有利于气体从熔池中逸出,可防止焊缝产生气孔。斜圆圈运条法适用于T形接头的横焊(平角焊)和仰焊以及对接接头的横焊缝,其特点是可控制熔化金属不受重力影响,能防止金属液体下淌,有助于焊缝成形。

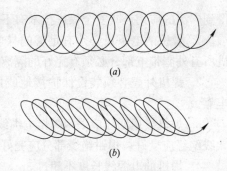

图4-12 圆圈形运条法
(a)正圆圈形运条法;(b)斜圆圈形运条法

(三) 收尾

电弧中断和焊接结束时,应把收尾处的弧坑填满。若收尾时立即拉断电弧,则会形成比焊件表面低的弧坑。

在弧坑处常出现疏松、裂纹、气孔(存在于焊缝金属内部或表面的孔穴)、夹渣等现象,因此焊缝完成时的收尾动作不仅是熄灭电弧,而且要填满弧坑。收尾动作有以下几种:

1. 划圈收尾法。焊条移至焊缝终点时,作圆圈运动,直到填满弧坑再拉断电弧。主要适用于厚板焊接的收尾。

2. 反复断弧收尾法。收尾时,焊条在弧坑处反复熄弧、引弧数次,直到填满弧坑为止。此法一般适用于薄板和大电流焊接,但碱性焊条不宜采用,因其容易产生气孔。

3. 回焊收尾法。焊条移至焊缝收尾处立即停止,并改变焊条角度回焊一小段。此法适用于碱性焊条。

当换焊条或临时停弧时,应将电弧逐渐引向坡口的斜前方,同时慢慢抬高焊条,使得熔池逐渐缩小。当液体金属凝固后,一般不会出现缺陷。焊接时电弧过长会造成电弧燃烧不稳定,易产生咬边,未焊透,空气中氧、氮易侵入焊缝,气孔倾向大。

七、焊条电弧焊安全操作技术

焊条电弧焊是熔化焊中最常用的一种焊接方法。由于它所使用的设备简单,操作灵活方便,能适应各种条件下的焊接,因而

得到广泛的应用,其安全操作技术有下列各点:

1. 焊机的电源线必须有足够的导电截面积和良好绝缘,焊机所有外露带电部分必须有完好的隔离防护装置。

2. 焊机外壳必须装设保护接地或保护接零线,而且接线要牢靠。

3. 焊机接地回线应采用焊接电缆线,且接地回线应尽量短,软线绝缘应良好,焊钳绝缘部分应完好。

4. 焊机的电源线长度不超过 3m,如确需使用较长的电源线时应采取架空高 2.5m 以上,沿墙用绝缘子布设,严禁将电源线拖在工作现场地面上。

5. 焊接电缆采取整根的,中间不应有接头。如需接长则接头不宜超过 2 个。接头应用纯铜导体制成,并且连接要牢靠,绝缘要良好,可采用 KDJ 系列电缆快速接头。

6. 操作行灯电压应采用 36V 以下的电源。

7. 在狭小舱室或容器内焊接时,舱室(容器)外应有人监护。同时应加强绝缘和有效通风措施,以防有害气体和烟尘对人体的侵害。

8. 焊接作业处应离易燃易爆物 10m 以外。严禁在有压力和有残留可燃液体和气体的容器、管道上进行焊接作业。

9. 在场内或人多的场所焊接,应放置遮光挡板,以免他人受弧光伤害。

10. 雨天禁止露天作业,当电焊机存在闭合回路时,不可接通或切断电源。

11. 合理使用劳动保护用品,扣好各种纽扣。上装不应束在裤腰里。

12. 清除焊渣应戴防护眼镜。

13. 对于存有残余油脂或可燃气体的容器,焊接时应先用蒸汽和热碱水冲洗,并打开盖口,确定容器清洗干净后方可进行焊接。

14. 登高作业时,脚手架应牢靠系带好合格的安全带并扎在结实可靠的地方，作业点下面不得有其他人员，焊件下方须放遮板，以防火星落下，引起事故。作业过程中，禁止乱抛焊条头等物，下面不得放置任何易燃易爆物。

15. 严禁利用厂房金属结构、导轨、管道、暖气设施或其他金属物搭接起来作焊接接地回线使用。

16. 焊接电缆的绝缘应定期进行检验，一般为每半年检查一次。

17. 工作结束后，应及时切断电源，将焊钳放在与线路隔绝的地方并卷好焊接电缆线，检查周围场地。

第二节 氩弧焊安全操作技术

一、钨极惰性气体保护焊的特点

钨极惰性气体保护焊是在惰性气体的保护下，利用钨电极与工件间产生的电弧热熔化母材和填充焊丝（如果使用填充焊丝）的一种焊接方法，如图 4-13 所示。焊接时保护气体从焊枪的喷嘴中连续喷出，在电弧周围形成气体保护层隔绝空气，以防止其对钨极、熔池及邻近热影响区的有害影响，从而可获得优质的焊缝。保护气体主要采用氩气。

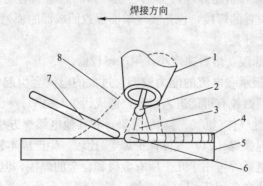

图 4-13 钨极惰性气体保护焊示意图
1—喷嘴；2—钨极；3—电弧；4—焊缝；5—工件；
6—熔池；7—填充焊丝；8—惰性气体

钨极氩弧焊按操作方式分为手工焊、半自动焊和自动焊三类。手工钨极氩弧焊时，焊枪的运动和添加填充焊丝完全靠手工操作；半自动钨极氩弧焊时，焊枪运动靠手工操作，但填充焊丝则由送丝机构自动送进；自动钨极氩弧焊时，如工件固定电弧运动，则焊枪安装在焊接小车上，小车的行走和填充焊丝的送进均由机械完成。在自动钨极氩弧焊中，填充焊丝可以用冷丝或热丝的方式添加。热丝是指填充焊丝经预热后再添加到熔池中去，这样可大大提高熔敷速度。某些场合，例如薄板焊接或打底焊道，有时不必添加填充焊丝。

上述三种焊接方法中，手工钨极氩弧焊应用最广泛，半自动钨极氩弧焊则很少应用。

钨极氩弧焊具有下列优点：

1. 氩气能有效地隔绝周围空气；它本身又不溶于金属，不和金属反应，钨极氩弧焊过程中电弧还有自动清除工件表面氧化膜的作用，因此，可成功地焊接易化学、活泼性强的有色金属、不锈钢和各种合金。

2. 小电流条件下的钨极氩弧焊，适用于薄板及超薄板材料焊接。

3. 热源和填充焊丝可分别控制，因而热输入容易调节，可进行各种位置的焊接，也是实现单面焊双面成形的理想方法。

不足之处是：

1. 熔深浅，熔敷速度小，生产率较低。

2. 钨极承载电流的能力较差，过大的电流会引起钨极熔化和蒸发，其微粒有可能进入熔池，造成污染(夹钨)。

3. 惰性气体(氩气、氦气)较贵，和其他电弧焊方法(如手工电弧焊、埋弧焊、CO_2 气体保护焊等)比较，生产成本较高。

钨极氩弧焊可用于几乎所有金属和合金的焊接，但由于其成本较高，通常多用于焊接铝、镁、钛、铜等有色金属以及不锈钢、耐热钢等。

钨极氩弧焊所焊接的板材厚度范围，从生产率考虑以 3mm

以下为宜。对于某些黑色和有色金属的厚壁重要构件(如压力容器及管道),在根部熔透焊道焊接、全位置焊接和窄间隙焊接时,为了保证高的焊接质量,有时也采用钨极氩弧焊。

二、钨极氩弧焊设备

钨极氩弧焊设备由焊接电源、引弧及稳弧装置、焊枪、供气系统、水冷系统和焊接程序控制装置等部分组成。对于自动钨极氩弧焊还应包括小车行走机构及送丝装置。

(一) 各种电流钨极氩弧焊的特点

钨极氩弧焊要求采用具有陡降或恒流外特性的电源,以减小或排除因弧长变化而引起的电流波动。钨极气体保护焊使用的电流种类可分为直流正接,直流反接及交流三种,它们的特点如表 4-5 所示。

各种电流钨极惰性气体保护焊的特点 表 4-5

电流种类	直流正接(工件接正)	交流(对称的)
两极热量比例(近似)	工件 70% 钨极 30%	工件 50% 钨极 50%
熔深特点	深、窄	中等
钨极许用电流	最大	较大
阴极清理作用	无	有(工件为负的半周时)
适用材料	氩弧焊:除铝、镁合金、铝青铜外,其余金属。 氮弧焊:几乎所有金属	铝、镁合金、铝青铜等

1. 直流钨极氩弧焊

直流钨极氩弧焊时,阳极的发热量远大于阴极。所以,用直流正接焊接时,钨极因发热量小,不易过热,同样大小直径的钨极可以采用较大的电流,工件发热量大,熔深大,生产率高。而且,由于钨极为阴极,热电子发射能力强,电弧稳定而集中。因此,大多数金属宜采用直流正接焊接。反之,直流反接时,钨极容易过热熔化,同样大小直径的钨极许用电流要小得多,且熔深浅而宽，一般不推荐使用。

铝、镁及其合金和易氧化的铜合金（铝青铜、铍铜等）焊接时，可形成一层致密的高熔点氧化膜覆盖在熔池表面和焊口边缘。该氧化膜如不及时清除，就会妨碍焊接正常进行。当工件为负极时，其表面氧化膜在电弧的作用下可以被清除掉而获得表面光亮美观、成形良好的焊缝。这是因为金属氧化膜逸出功小，易发射电子，阴极斑点总是优先在氧化膜处形成，在质量很大的氩正离子的高速撞击下，表面氧化膜破坏、分解，而被清除掉，这就是"阴极清理作用"。

为了同时兼顾阴极清理作用和两极发热量的合理分配，对于铝、镁、铝青铜等金属和合金，一般都采用同时具有正接和反接特点的交流钨极氩弧焊。

2. 交流钨极氩弧焊

交流电源主要用于焊接铝、镁及其合金和铝青铜，其特点是负半波（工件为负）时，有阴极清理作用，正半波（工件为正）时，钨极因发热量低，不易熔化，同样大小的钨极可比直流反接的许用电流大得多。

交流钨极氩弧焊的主要问题是直流分量和电弧稳定性问题。

（二）引弧及稳弧装置

TIG 焊接开始时，可采用下列方法引燃电弧：

1. 短路引弧：依靠钨极和引弧板或碳块接触引弧。其缺点是引弧时钨极损耗较大，端部形状容易被破坏，应尽量少用。

2. 高频引弧：利用高频振荡器产生的高频高压击穿钨极与工件之间的间隙（3mm 左右）而引燃电弧。高频振荡器一般用于焊接开始时的引弧。交流钨极氩弧焊时，引弧后继续接通也可在焊接过程中起稳弧作用。高频振荡器主要由电容与电感组成振荡回路，振荡是衰减的，每次仅能维持 2~6ms。电源为正弦波时，每半周振荡一次。

3. 高压脉冲引弧：在钨极与工件之间加一高压脉冲，使两极间气体介质电离而引弧。利用高压脉冲引弧是一种较好的引弧方法。在交流钨极氩弧焊时，往往是既用高压脉冲引弧，又用高压脉冲稳弧。引弧和稳弧脉冲由共用的主电路产生，但有各自的触发电路。该电路的设计能保证空载时，只有引弧脉冲，而不产生稳弧脉冲；电弧一旦引燃，即产生稳弧脉冲，而引弧脉冲自动消失。

（三）焊枪

焊枪的作用是夹持钨极，传导焊接电流和输送保护气，它应满足下列要求：

1. 保护气流具有良好的流动状态和一定的挺度，以获得可靠的保护。

2. 有良好的导电性能。

3. 充分的冷却，以保证持久工作。

4. 喷嘴与钨极间绝缘良好，以免喷嘴和焊件接触时产生短路，打弧。

5. 质量轻，结构紧凑，可达性好；装拆维修方便。

焊枪分气冷式和水冷式两种，前者用于小电流（$\leqslant 100A$）焊接。喷嘴的材料有陶瓷、紫铜和石英三种。高温陶瓷喷嘴既绝缘又耐热，应用广泛，但通常焊接电流不能超过350A。紫铜喷嘴使用电流可达500A，需用绝缘套将喷嘴和导电部分隔离。石英喷嘴较贵，但焊接时可见度好。

（四）供气系统和水冷系统

1. 供气系统　由高压气瓶、减压阀、浮子流量计和电磁气阀组成。减压阀将高压气瓶中的气体压力降至焊接所要求的压力，流量计用来调节和测量气体的流量，电磁阀以电信号控制气流的通断。有时将流量计和减压阀做成一体，成为组合式。

2. 水冷系统　许用电流大于100A的焊枪一般为水冷式，用水冷却焊枪和钨极。对于手工水冷式焊枪，通常将焊接电缆装入通水软管中做成水冷电缆，这样可大大提高电流密度，减轻电缆重量，使焊枪更轻便。有时水路中还接入水压开关，保证冷却水接通并有一定压力后才能启动焊机。

(五)焊接程序控制装置

焊接程序控制装置应满足如下要求：

1. 焊前提前 1.5～4s 输送保护气，以驱赶管内空气；
2. 焊后延迟 5～15s 停气，以保护尚未冷却的钨极和熔池；
3. 自动接通和切断引弧和稳弧电路；
4. 控制电源的通断；
5. 焊接结束前电流自动衰减，以消除火口和防止弧坑开裂，对于环缝焊接及热裂纹敏感材料，尤其重要。

三、钨极和保护气体

(一)钨极

钨极是钨极氩弧焊的电极材料，对电弧稳定性和焊缝质量有很大影响。通常要求钨极具有电流容量大、施焊损耗小、引弧和稳弧性能好的特征，这主要取决于钨极的电子发射能力大小。

纯钨的熔点约为 3390～3430℃，沸点约为 5900℃，因此不容易熔化和蒸发。适合作为不熔化电极材料，常用的有纯钨极、钍钨极和铈钨极三种。纯钨极熔点和沸点都很高，缺点是要求空载电压较高，承载电流能力较小；钍钨极加入了氧化钍，可降低空载电压，改善引弧稳弧性能，增大许用电流范围，但有微量放射性；铈钨极是在纯钨中加入 2% 的氧化铈，铈钨极比钍钨极更易引弧，更小的钨极损耗，放射剂量也低得多，因此是一种理想的电极材料。

(二)保护气体

钨极氩弧焊中氩气是一种理想的保护气体。在惰性气体中，氩在空气中所占的比例最多，按体积约占空气的 0.93%。氩比空气重 25%，通常是液态空气制氧时的副产品。各种金属材料焊接时，对氩气纯度有不同的要求。化学性质活泼的金属和合金对氩气纯度要求更高。如果氩气中含一定量的氧、氮、二氧化碳和水分等，将会降低氩气的保护性能，对焊接质量造成不良影响。目前生产的氩气纯度达到 99.99%，所以能够满足氩弧焊的工艺要求。

四、钨极氩弧焊焊接工艺

(一) 接头及坡口形式

钨极氩弧焊的接头形式有对接、搭接、角接、T形接和端接五种基本类型。端接接头仅在薄板焊接时采用。

(二) 工件和填充焊丝的焊前清理

氩弧焊时,对材料的表面质量要求很高,焊前必须经过严格清理,清除填充焊丝及工件坡口和坡口两侧表面至少 20mm 范围内的油污、水分、灰尘、氧化膜等,否则在焊接过程中将影响电弧稳定性,恶化焊缝成形,并可能导致气孔、夹杂、未熔合等缺陷。常用清理方法如下:

1. 去除油污、灰尘

可以用有机溶剂(汽油、丙酮、三氯乙烯、四氯化碳等)擦洗,也可配制专用化学溶液清洗。

2. 除氧化膜

(1) 机械清理 此法只适用于工件,对于焊丝不适用。通常是用不锈钢丝或铜丝轮(刷),将坡口及其两侧氧化膜清除。对于不锈钢及其他钢材也可用砂布打磨。铝及铝合金材质较软,用刮刀清理也较有效。但机械清理效率低,去除氧化膜不彻底,一般只用于尺寸大、生产周期长或化学清洗后又局部弄脏的工件。

(2) 化学清理 依靠化学反应的方法去除焊丝或工件表面的氧化膜,清洗溶液和方法因材料而异。

(三) 工艺参数的选择

钨极氩弧焊的工艺参数主要有焊接电流种类及极性、焊接电流、钨极直径及端部形状、保护气体流量等,对于自动焊还包括焊接速度和送丝速度。

1. 焊接电流种类及大小

一般根据工件材料选择电流种类,焊接电流大小是决定焊缝熔深的最主要参数,它主要根据工件材料、厚度、接头形式、焊接位置、有时还考虑焊工技术水平(手工焊时)等因素选择。

2. 钨极直径及端部形状

钨极端部形状是一个重要工艺参数。根据所用焊接电流种类，选用不同的端部形状。尖端角度的大小会影响钨极的许用电流、引弧及稳弧性能。小电流焊接时，选用小直径钨极和小的锥角，可使电弧容易引燃和稳定；在大电流焊接时，增大锥角可避免尖端过热熔化，减少损耗，并防止电弧往上扩展而影响阴极斑点的稳定性。钨极尖端角度对焊缝熔深和熔宽也有一定影响。减小锥角，焊缝熔深减小、熔宽增大。反之则熔深增大、熔宽减小。

3. 气体流量和喷嘴直径

在一定条件下，气体流量和喷嘴直径有一个最佳范围，此时，气体保护效果最佳，有效保护区最大。如气体流量过低，气流挺度差，排除周围空气的能力弱，保护效果不佳；流量太大，容易变成紊流，使空气卷入，也会降低保护效果。同样，在流量一定时，喷嘴直径过小，保护范围小，且因气流速度过高而形成紊流；喷嘴过大，不仅妨碍焊工观察，而且气流流速过低，挺度小，保护效果也不好。所以，气体流量和喷嘴直径要有一定配合。一般手工氩弧焊喷嘴内径范围为5～20mm，流量范围为5～25L/min范围。

4. 焊接速度

焊接速度的选择主要根据工件厚度决定，并和焊接电流、预热温度等配合以保证获得所需的熔深和熔宽。在高速自动焊时，还要考虑焊接速度对气体保护效果的影响。焊接速度过大，保护气流严重偏后，可能使钨极端部、弧柱、熔池暴露在空气中。因此必须采取相应措施如加大保护气体流量或将焊炬前倾一定角度，以保持良好的保护作用。

5. 喷嘴与工件的距离

距离越大，气体保护效果越差，但距离太近会影响焊工视线，且容易使钨极与熔池接触，产生夹钨。一般喷嘴端部与工件的距离在8～14mm之间。

（四）操作技术

焊接时，焊枪、焊丝和工件之间必须保持正确的相对位置，焊直缝时通常采用左向焊法。焊丝与工件间的角度不宜过大，否则会扰乱电弧和气流的稳定。手工钨极氩弧焊时，送丝可以采用断续送进和连续送进两种方法，要绝对防止焊丝与高温的钨极接触，以免钨极被污染、烧损，电弧稳定性被损坏，断续送丝时要防止焊丝端部移出气体保护区而氧化。环缝自动焊时，焊枪应逆旋转方向偏离工件中心线一定距离，以便于送丝和保证焊缝的良好成形。

（五）加强气体保护作用的措施

对于对氧化、氮化非常敏感的金属和合金（如钛及其合金）或散热慢、高温停留时间长的材料（如不锈钢），要求有更强的保护作用。加强气体保护作用的具体措施有：

1. 在焊枪后面附加通有氩气的拖罩，使在400℃以上的焊缝和热影响区仍处于保护之中。

2. 在焊缝背面采用可通氩气保护的垫板、反面保护罩或在被焊管子内部局部密闭气腔内充满氩气，以加强反面的保护。在焊缝两侧和背面设置紫铜冷却板、铜垫板、铜压块（水冷或空冷），都有加速焊缝和热影响区冷却、缩短高温停留时间的作用。

五、钨极氩弧焊安全技术

1. 氩弧焊的有害因素

氩弧焊影响人体的有害因素有三方面：

（1）放射性　钍钨极中的钍是放射性元素，但钨极氩弧焊时钍钨极的放射剂量很小，在允许范围之内，危害不大。如果放射性气体或微粒进入人体成为内放射源，则会严重影响身体健康。

（2）高频电磁场　采用高频引弧时，产生的高频电磁场强度在60～110V/m之间，超过参考卫生标准（20V/m）数倍。但由于时间很短，对人体影响不大。如果频繁起弧，或者把高频振荡器作为稳弧装置在焊接过程中持续使用，则高频电磁场可成为有害因素之一。

（3）有害气体——臭氧和氮氧化物　氩弧焊时，弧柱温度高。紫外线辐射强度远大于一般电弧焊，因此在焊接过程中会产生大量的臭氧和氧氮化物；尤其臭氧其浓度远远超出参考卫生标准。如不采取有效通风措施，焊工接触高浓度尘气，可能引起急性化学性肺炎或肺水肿，是氩弧焊最主要的有害因素。

2. 安全防护措施

(1) 通风措施　氩弧焊工作现场要有良好的通风装置，以排出有害气体及烟尘。除厂房通风外，可在焊接工作量大，焊机集中的地方，安装几台轴流风机向外排风。

此外，还可采用局部通风的措施将电弧周围的有害气体抽走，例如采用明弧排烟罩、排烟焊枪、轻便小风机等。

(2) 防护射线措施　尽可能采用放射剂量极低的铈钨极。钍钨极和铈钨极加工时，应采用密封式或抽风式砂轮磨削，操作者应佩戴口罩、手套等个人防护用品，加工后要洗净手脸。钍钨极和铈钨极应放在铝盒内保存。

(3) 防护高频的措施　为了防备和削弱高频电磁场的影响，采取的措施有：

1) 工件良好接地，焊枪电缆和地线要用金属编织线屏蔽；

2) 适当降低频率；

3) 尽量不要使用高频振荡器作为稳弧装置，减小高频电作用时间；

4) 其他个人防护措施。氩弧焊时，由于臭氧和紫外线作用强烈，宜穿戴非棉布工作服。在容器内焊接又不能采用局部通风的情况下，可以采用送风式头盔、送风口罩或防毒口罩等个人防护措施。

第三节　二氧化碳气体保护焊安全操作技术

一、CO_2 气体保护焊概述及特点

(一) CO_2 气体保护焊概述

二氧化碳气体保护焊是利用 CO_2 作为保护气体的一种焊接操作方法，简称 CO_2 焊。CO_2 气体密度较大，电弧加热后体积膨胀也较大，所以能有效地隔绝空气，保护熔池。但是 CO_2 是

一种氧化性较强的气体,在焊接过程中会使合金元素烧损,产生气孔和金属飞溅。因此需用脱氧能力较强的焊丝或添加焊剂来保证焊接接头的冶金质量。

CO_2焊是我国重点推广的一种焊接技术,主要用于低碳钢及低合金钢等焊接,也适用于易损零件的堆焊及铸钢件的补焊等。目前应用最普遍的是半自动细丝CO_2焊。

(二)CO_2焊的分类

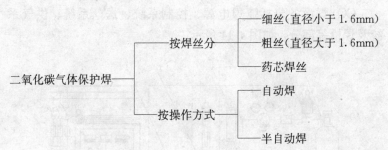

(三)CO_2焊的特点

1. 可以使用较大焊接电流密度,电弧热量利用率高,焊丝的熔化速度快,生产率高。

2. 成本低。CO_2气体价格低;另外CO_2焊与焊条电弧焊相比,电能消耗少,降低了焊接成本。

3. 焊接变形和内应力较小,由于电弧加热集中,焊件受热面积小,同时CO_2气流有较强的冷却作用,所以焊接变形和内应力小,一般结构焊后即可使用,特别适宜于薄板焊接。

4. 抗锈能力强。CO_2焊对铁锈敏感性小,焊缝含氢量少,抗裂性能好。

5. 操作简便。焊接时可观察到电弧和熔池的情况,故操作较容易掌握,不易焊偏。更有利于实现机械化和自动化焊接。

6. 适用范围广。CO_2焊适用焊接薄板,也能焊接中厚板,同时可进行全位置焊接。除了适用于焊接结构制造外,还适用于修理,如磨损零件的堆焊以及铸铁补焊等。

但是CO_2焊也存在一些不足之处:

1. 如焊接材料选择不当,则飞溅较大,并且焊缝表面成形较差。

2. 弧光较强,特别是大电流焊接时,电弧的光热辐射均较强。

3. 焊接设备较复杂。

4. 不能在有风处施焊,也不能焊接容易氧化的有色金属。

二、CO_2 气体保护焊设备

CO_2 焊设备包括弧焊电源、控制系统、送丝系统、供气系统及焊枪等部分,如图 4-14 所示。

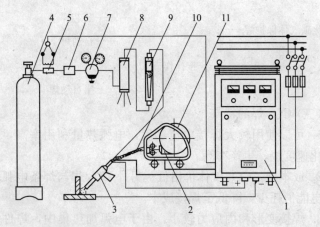

图 4-14 半自动二氧化碳气体保护焊设备

1—电源;2—送丝机;3—焊枪;4—气瓶;5—预热器;6—高压干燥器;
7—减压器;8—低压干燥器;9—流量计;10—软管;11—焊丝盘

1. **弧焊电源** 半自动 CO_2 焊的电源通常为整流电源。

2. **控制系统** 其作用是对 CO_2 焊的送丝、供电及供气等实行控制。自动及半自动焊接的控制程序见图 4-15。

3. **送丝系统** CO_2 焊通常采用等速送丝系统。送丝方式有推丝式、拉丝式及推拉式三种,见图 4-16,使用特点见表 4-6,目前生产中应用最广的是推丝式,该系统包括送丝机构、调速器、送丝软管及焊丝盘等。

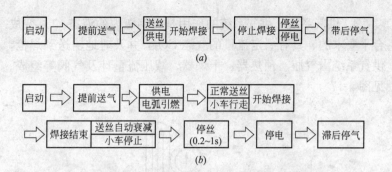

图 4-15 二氧化碳气体保护焊焊接程序方框图

(a) 半自动；(b) 自动

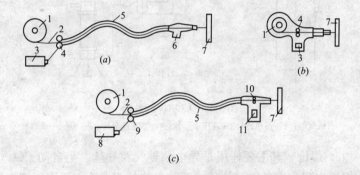

图 4-16 半自动焊的三种送丝方式

(a) 推丝式；(b) 拉丝式；(c) 推拉式

1—焊丝盘；2—焊丝；3—送丝电动机；4—送丝轮；5—软管；6—焊枪；
7—工件；8—推丝电动机；9—推丝机；10—拉丝轮；11—拉丝电动机

三种送丝方式使用情况比较 表 4-6

送丝方式	最长送丝距离	使用特点
推丝式	5m	焊枪结构简单，操作方便，但送丝距离较短
拉丝式	15m	焊枪较重，劳动强度较高，仅适用于细丝焊
推拉式	30m	送丝距离长，但两动力须同步，结构较复杂

4. **供气系统** 供气系统的作用是将钢瓶内的液态 CO_2 变成合乎要求的、具有一定流量的气态 CO_2，并及时地输送到焊枪。供气系统由气瓶、预热器、干燥器、减压流量计及气阀等组成。见图 4-17。

图 4-17 CO_2 供气系统
1—气瓶；2—预热器；3—高压干燥器；4—减压流量计；5—低压干燥器

5. **焊枪** 其主要作用是导电、导气及导丝。半自动 CO_2 焊的焊枪主要有推丝式和拉丝式两种。拉丝式焊枪主要用于细焊丝（$\phi0.4 \sim \phi0.8mm$），其在结构形式上与推丝式主要的区别是送丝部分安装在枪体上，而且由于是细丝焊接，焊接电流较小而不需空冷。

焊枪主要是由导电和导气两大部分组成，导电部分的主件是导电嘴，导气部分的主件是喷嘴。

三、CO_2 焊安全操作技术

1. CO_2 焊时，电弧光辐射比焊条电弧焊强，因此应加强防护。

2. CO_2 焊时，飞溅较大，尤其是粗丝焊接，会产生大颗粒飞溅，焊工应有必须的防护用具，防止人体灼伤。

3. CO_2 气体在焊接电弧高温下会分解生成对人体有害的一

氧化碳气体，焊接时还会排出其他有害气体和烟尘，特别是在容器内施焊，更应加强通风，且容器外应有人监护。

4. CO_2 气体预热器所使用的电压不得高于 36V。

5. 大电流粗丝 CO_2 焊时，应防止焊枪水冷系统漏水破坏绝缘，发生触电事故。

6. 工作结束时，立即切断电源和气源。

7. CO_2 气瓶内装有液态 CO_2，满瓶压力约为 0.5~0.7MPa，但当受到外加的热源时，液态 CO_2 便迅速蒸发为气体，使瓶内压力升高，接受的热量越大，则压力增高越大，造成爆炸的危险性就越大。因此 CO_2 气瓶不能接近热源及太阳下曝晒，使用时应遵守《气瓶安全监察规程》的规定。

第四节 电阻焊安全操作技术

近代焊接技术，是从碳极电弧开始的；20世纪30年代电阻焊的发明为全球汽车工业的大发展奠定了基础，其中受惠最大的是美国。

随着焊接技术的发展，特别是在建筑行业，现场施工中钢筋、金属棒、金属柱、金属管的接长，绝大部分采用电阻焊——对焊(电阻对焊)，由于现场施工条件、操作环境恶劣，焊工在操作电阻对焊的过程时，必须严格按照电阻对焊相关的安全操作规程进行操作。本章节针对建筑行业施工的特点，来介绍电阻对焊的相关安全操作技术。

一、电阻焊基本知识

(一) 电阻焊定义及应用

1. 定义：电阻焊是将工件组合后通过电极施加压力，利用电流通过接头的接触面及邻近区域产生的电阻热进行焊接的方法。

2. 应用：电阻焊应用于航空、航天、电子、汽车、轨道交通、家用电器、建筑施工等行业，在汽车和飞机制造业中尤为重要，点焊机器人等先进的电阻焊技术已在生产中广泛应用。

(二)电阻焊特点

电阻焊有两大显著特点:一是焊接的热源是电阻热,故称电阻焊;二是焊接时需施加压力,故属于压焊范畴。

1. 电阻焊的优点:

(1)熔核形成时,被塑性环包围,熔化金属与空气隔绝,过程简单。

(2)加热时间短,热量集中,变形与应力小,焊后不必校正和热处理。

(3)不需焊丝、焊条等填充物,以及氧、乙炔、氩等焊接材料,焊接成本低。

(4)操作简单,易于实现机械化和自动化。

(5)生产率高,无噪声及有害气体,在大批量生产中,可以和其他制造工序一起编到组装线上。但闪光对焊因有火花喷溅,需要隔离。

2. 电阻焊的缺点:

(1)目前缺乏可靠的无损检测方法,焊接质量只能靠工艺试样和工件的破坏性试验来检验,以及靠各种监控技术来保证。

(2)点、缝焊的搭接接头增加了构件重量,并且在两板间熔核周围形成夹角,导致接头的抗拉强度及疲劳强度降低。

(3)设备功率大、自重重宜固定放置,不如焊条电弧焊灵活;机械化、自动化程度高,使得设备成本较高、维修困难;常用的大功率交流焊机对电网稳定运行有一定的影响。

随着航空、航天、电子、汽车、轨道交通、家用电器、建筑施工等行业的发展,电阻焊越来越受到社会的重视,对电阻焊的质量也提出了更高的要求。我国微电子技术的发展和大功率可控硅、整流器、逆变电源的开发,给电阻焊技术的提高提供了有利的条件。

(三)电阻焊的分类

1. 按工艺特点分类:

按工艺特点分电阻焊有点焊、凸焊、缝焊、电阻对焊和闪光对焊五类。图 4-18 为这五类电阻焊的原理示意图。

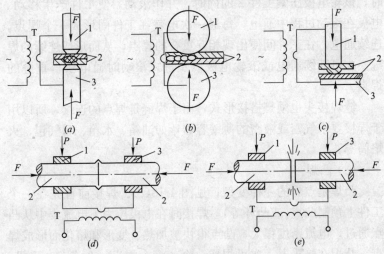

图 4-18 电阻焊的原理图

(a)点焊；(b)缝焊；(c)凸焊；(d)电阻对焊；(e)闪光对焊；

1、3—电极；2—焊件；

F—电极力(顶锻力)；T—电源(变压器)；P—夹紧力

(1) 点焊

如图 4-18(a)所示，两工件 2 由棒状铜合金电极 1 和 3 压紧后通电加热，在工件之间生成椭球状的熔化核心，切断电流后该核心冷凝而形成熔核，它便成为连接两工件的点状焊接。按供电方式不同，点焊分单面点焊和双面点焊，前者只从工件一侧供电，后者从工件两侧供电，按一次形成焊点的数量分有单点焊和多点焊。多点焊时使用两对以上的电极，在同一工序上完成多个焊点的焊接。每一个焊点可以根据需要一次连续通电，或多次通电完成焊接，前者称单脉冲焊，后者称多脉冲焊。

点焊的接头形式必须是搭接。在汽车、铁路车辆、飞机等薄板冲压件的装配焊接生产线上应用很多，逐渐由机器人来操作。

(2) 缝焊

缝焊原理与点焊相同，区别在于缝焊是以圆盘状铜合金电极

1、3(又称滚轮电极)代替点焊的棒状电极,见图 4-18(b)。焊接时,该轮电极压紧工件 2 的同时,并作滚动。使工件产生移动。电极在滚动过程中通电,每通一次电就在工件间形成一个焊点。连续通电,在工件间便出现相互重叠的焊点,从而形成连续的焊缝。亦可断续通电或滚轮电极以步进式滚动时通电获得重叠的焊点。

缝焊接头也须是搭接形式,由于焊缝是焊点的连续,所以用于焊接要求气密或液密的薄壁容器,如油箱、水箱、暖气包、火焰筒等。

(3) 凸焊

凸焊是点焊的一种变型,见图 4-18(c)。焊接前首先在一个工件上预制凸点(或凸环等),焊接时在电极压力下电流集中从凸点通过,电流密度很大,凸点很快被加热、变形和熔化而形成焊点。凸焊在接头上一次可焊成一个或多个焊点。在汽车、飞机、仪器、无线电等工业部门应用较多,如紧固件、金属网的焊接和无线电元器件的封装等。

(4) 电阻对焊

如图 4-18(d)所示,焊接时将工件 1、3 置于夹具(电极)2 中夹紧,并使两工件端面压紧,然后通电加热:当工件端面及附近金属被加热到一定温度时,断电并突然增大压力进行顶锻、两工件便在固态下对接起来。

电阻对焊的接头表面较光滑,无毛刺。但高温时对接的端面易受空气侵袭,形成夹杂而降低接头力学性能。若质量要求较高时,则在保护气氛(如氩、氮气等)下进行焊接。

接头形式多为对接,焊件断面形状一般是圆形,如轴、杆、管子等,在管道、拉杆、小链环等的生产中使用。

(5) 闪光对焊

如图 4-18(e)所示,将工件 1、3 置于夹具(兼作电极)2 夹紧后,是先通电然后使两工件端面缓慢靠拢接触,一开始两端面总是个别点相接触加热,因电流密度大而熔化形成液态金属过梁。

过梁温度进一步升高便发生爆破,以火花形式向外喷射而构成闪光。两工件不断送进靠拢,闪光就连续不停,待闪光加热使整个端面达到一定温度,突然加速送进工件并加压顶锻,这时闪光停止,熔化金属全部被挤出结合面之外,靠工件材料的塑性变形便形成牢固的对接接头。焊后接头表面有喷溅和挤出来的毛刺,须铲除。

闪光焊因加热区窄,焊件端面加热均匀,氧化夹杂和熔化金属被挤出,故接头质量较高。常在重要的受力构件,如轴、锅炉管道、钢轨、大直径油管等的对接焊中使用。

2. 按接头形式分类

按接头形式可把电阻焊归纳成搭接接头电阻焊和对接接头电阻焊两大类,前述的点焊、凸焊和缝焊同属搭接接头电阻焊类,电阻对焊和闪光对焊都属对接电阻焊类。

因此,根据上述两种分类法,便可综合成图 4-19 所示的电阻焊各种类型。

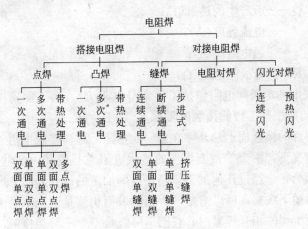

图 4-19 电阻焊的分类

3. 按焊接电流种类分类

按电阻焊使用的电流分,有交流、直流和脉冲三类。用交流的电阻焊中,应用最多的是工频(50Hz)交流电阻焊;将工频变频后，使用3～10Hz的称低频电阻焊，主要用于大厚度或大断面焊件的点焊和对焊；使用150～300Hz的称中频电阻焊，使用2.5～450kHz的称高频电阻焊，中、高频电阻焊通常都用于焊接薄壁管。

近年国内外已开始采用二次侧整流的直流电源，这样可以用小的功率焊接较厚大的工件，具有节能等技术经济效果。

脉冲焊有电容储能焊和直流脉冲焊(又称直流冲击波焊)等。其特点是通电时间短，电流峰值高，加热和冷却很快。因此，适于导热性好的金属，如轻金属和铜合金的焊接。

(四) 电阻焊的基本原理

电阻焊是利用电流流经电极端面通过被焊工件时，产生电阻热将其金属间熔化，熔融处形成熔核，使其连接。

任何金属导体都有电阻，当电流通过金属导体时，它就要发热，发热量的大小可按"焦耳—楞次"定律来确定。

$$Q=0.24I^2Rt$$

式中　Q——所产生的热量(J)；

　　　I——电流强度(A)；

　　　t——通电时间(s)；

　　　R——电极间电阻(Ω)。

式中的电极间电阻包括工件本身电阻 R_w，两工件间接触电阻 R_e，电极与工件间接触电阻 R_{em}，即 $R=2R_w+R_e+R_{em}$。两个金属焊件的接触面上总是存在着一定电阻，称为接触电阻。在常温的情况下，两个等截面焊件的接触电阻总是较其内部电阻大。这是因为一个经过任何加工，甚至磨削加工的焊件，如果把它放在显微镜下观察，可以清楚地看到其表面仍然是凹凸不平的，所以把两个焊件相互压紧时，它们不可能是整个平面相接触，而只是在个别凸出点的接触(见图 4-20)，由于接触面总是小于焊件的截面积，并且在焊件表面有导电性较差的氧化膜或污物，使接触电阻总是比内部电阻大。根据"焦耳—楞次"定律，当两焊件通以一定电流时，接触面上首先被加热到较高温度，因而较早达到焊接温度。显而易见，在电阻焊过程中，焊件间接触面上产生的电阻热是电阻焊的主要热源。接触电阻的大小与电极压力、材料性质、焊件表面状况及温度有关。任何能够增大实际接触面积的因素，都会减小接触电阻。对同种材料而言，加大电极压力，即会增加实际接触面积，减少接触电阻。在同样压力下，材料越软，实际接触面越大，接触电阻也越小。焊接时随着焊件温度增加，降低材料的硬度，也就是材料变软，实际接触面加大，所以接触电阻也下降。当焊件表面存在着氧化膜和其他脏物时，则会显著增加接触电阻。

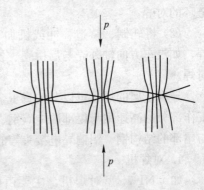

图 4-20　电流通过两焊件接触点的情况

二、电阻对焊

（一）电阻对焊概念

对焊按照焊接过程不同，分为电阻对焊和闪光对焊，如图 4-18(d)、图 4-18(e)所示。

电阻对焊是将工件装配成对接接头，使其端面紧密接触，利用电阻热加热至塑性状态，然后迅速施加顶锻力完成焊接的方法。

闪光对焊是工件装配成对接接头，接通电源，并使其端面逐渐移近，达到局部接触，利用电阻热加热这些接触点（产生闪光），使端面金属熔化，直至端部在一定深度范围内达到预定温度时，迅速施加顶锻力完成焊接的方法。闪光对焊又可分为连续闪光焊和预热闪光焊。

闪光对焊是对焊的主要方式，可以焊接棒材、管子、带钢等；可焊接材料范围广，如碳钢、合金钢、镍、铝、铜、钛及其合金等。

由于对焊生产率高，易实现自动化，所以其广泛应用于以下几个方面：

(1) 工件的接长，如带钢、型材、线材、钢筋、钢轨、锅炉钢管、石油和天然气输送管道的对焊。

(2) 环形工件的对焊，如汽车、自行车、摩托车轮圈及各种链环的对焊。

(3) 将轧制、铸造、冲或机加工件焊成复杂零件的部件组焊，如汽车方向轴外壳与后桥壳、各种连杆、拉杆及特殊零件的对焊。

异种金属的焊接可以节约贵重金属，提高产品性能。如刀具工作部分的高速钢与尾部的中碳钢、内燃机排气阀头部的耐热钢与尾部的结构钢、铝铜导电接头等的对焊。

1. 对焊机

如 UN1-75 型对焊机，主要由机座、单相焊接变压器、调节闸刀、操纵杆、活动与固定电极、夹紧机构等部分组成。固定电极装在机座上，活动电极装在导轨的滑块上，可沿导轨移动。对焊机的电极位于夹紧机构之中。焊件置于上、下电极之间，通过手柄转动螺杆压紧。对焊机的电极也是既承受压力又传导电流的部件，其工作条件比较恶劣。虽然电流密度比点焊时小，但往往由于磨损而不易修复。为了提高电极使用寿命和保证焊接质量，应选择高温下硬度和导电性好的材料制造。一般使用含硅 $0.4\%\sim0.6\%$、镍 $2.3\%\sim2.6\%$ 的铜合金制造。

电极的尺寸和形状主要根据不同的焊件几何尺寸来确定。焊接变压器二次侧绕组和电极均通水冷却。焊机上装有观察水流通过情况的装置。焊机结构简单，手工操作方便，可用于手动电阻对焊和闪光对焊低碳钢和有色金属。

2. 对焊机的安全技术

(1) 焊接工作之前，对各有关的传动部分加油，保证润滑良好。

(2) 焊机通水后方可进行操作。

(3) 应经常清洁接触器的触点。焊机不应受潮。

(4) 电极与焊件接触处应保持光洁,必要时用细砂纸磨光。

(5) 焊后应及时清理焊机上的飞渣,防止金属飞渣落入焊接变压器线圈中发生短路。

(6) 焊机在 0℃以下工作时,完毕后应使用压缩空气吹除冷却管路中的冷却水。

(二) 对焊参数

1. 电阻对焊参数

(1) 焊接电流密度和通电时间

这是决定焊件加热的两个主要参数。这两个参数主要根据焊件材料的成分和尺寸综合考虑。导电、导热良好的材料宜采用较大的电流密度;当焊件直径增加时,电流密度可适当小些。低碳钢的电流密度一般选择 20~60A/mm² 时,通电时间取 0.5~10s。

(2) 压力

压力影响接触面上的电流大小和金属的塑性变形。低碳钢顶锻压力推荐采用 15~30N/mm²。

(3) 焊件伸出长度

它决定焊件加热区宽度。一般推荐截面为 25mm² 时,伸出长度为(3+3)mm;截面为 50mm² 时,伸出长度为(4+4)mm;截面为 100mm²,伸出长度为(5+5)mm。

2. 闪光对焊参数

(1) 伸出长度(L)

一般棒材和厚壁管的伸出长度为:
$$L=(0.7\sim1.0)d$$

式中 d——圆料直径或棒料边长(mm)。

低碳钢一般为 $1.2d$。

(2) 电流密度(或二次侧空载电压)

因为二次侧空载电压高,焊接电流相应增大,焊件内电流密度也相应增大,故通常采用二次侧空载电压衡量,一般为 4~18V。

(3) 闪光速度

即顶锻前的连续闪光阶段，活动电极的送进速度。一般钢焊件的闪光速度为 1~3mm/s。

（4）闪光留量

即预计闪光阶段将烧损的焊件长度。考虑闪光留量，应满足焊件达到均匀加热的要求。

（5）顶锻速度

即顶锻时活动电极的送进速度。为了防止对接处严重氧化，顶锻速度越快越好。通常最低的顶锻速度为 15~40mm/s。

（6）顶锻压力

顶锻压力要求足以保证将焊件接触面上的液态金属全部挤压排出。通常以单位面积的压力大小来衡量。材料高温强度越好，高温区越小，所需的顶锻压力越大。

（7）顶锻留量

即预计顶锻阶段焊件长度的缩短量。闪光对焊时，顶锻留量一般为 2~8mm。

3. 对焊常见缺陷及产生原因

（1）未焊透。由于顶锻前的焊件温度低，顶锻留量小，顶锻力不足或顶锻速度低引起。

（2）裂纹。由于冷却速度快或接头过分顶锻引起。

（3）过热组织。由于加热时间太长、加热温度太高而引起。

（4）夹渣。由于电阻对焊焊件端面清理不彻底、不平整，或闪光对焊时顶锻力小、顶锻速度低、预热时间短等引起的。

（5）错位、弯曲。装配不当引起的。

（三）对焊的基本操作

1. 作业前准备

（1）操作前要仔细检查焊机通电、断电，压紧钳口是否正常，冷却水流量情况及标尺分配参数是否合理等。

（2）焊前清理。用喷砂或喷丸法清理焊件表面氧化皮。对于采用电阻对焊的焊件，还要将端面锉平。

2. 电阻对焊的基本操作和注意事项

(1) 焊接参数

根据工件的厚度(直径)、材料种类等,选择合理的电阻对焊参数。

(2) 操作过程

将焊件夹紧在焊机的电极块上,先操作送进机构的手柄,将两焊件合龙,并施加较小的力,使其端面接触。注意其接口处错移不大于0.5mm。然后通电加热,当焊件升温到赤红状态,达到焊接温度时,断电并同时迅速施加顶锻力,使焊件接口最高温度区产生塑性变形,并使两焊件间的金属原子在高温、高压下相互扩散作用,形成接头。由于电阻对焊加热区域较宽,故接头有较大凸起。由于金属不产生熔化和飞溅,故接头圆滑而光洁。

(3) 注意事项

1) 焊前对焊件表面的残存氧化物、污垢等一定要彻底清除干净,否则电阻对焊时,焊件端面中的氧化物很难排除,会造成夹渣或未焊合。

2) 装配时,接口处一定要对齐,并且端面要互相平行,否则会造成焊件端面部分未焊合,以及错边、弯曲等缺陷。

3. 闪光对焊的基本操作和注意事项

(1) 焊接参数

根据工件的厚度(直径)、材料的种类等,选择合理的闪光对焊参数。

(2) 操作过程

焊件压紧在电极块上,两焊件偏移量应小于0.5mm。然后接通电源,搬动送进机构的手把,使焊件端面迅速而短促地接触,将约等于0.75直径的长度一段预热到850~1000℃,焊件轻轻向前移动,造成连续闪光,其烧化速度应符合给定的参数。在闪光最剧烈时,随即以快速顶锻并断电。焊件焊后及时放入650~700℃电炉中进行退火。

(3) 注意事项

1) 预热温度不能太高。在满足能够连续闪光的条件下,尽可能采用低预热。

2）烧化速度必须符合焊接参数。若闪光速度小或闪光不剧烈时，必须查明原因，排除故障后再进行焊接。

3）顶锻必须迅速而有力，否则会在接头中产生金属氧化物夹渣。

4）电极块必须清洁、平整、导电良好。电极块、变压器必须通水冷却，并控制温升不要太高，否则应停歇一段时间再继续工作。

三、电阻焊的安全操作技术

（一）电阻焊时易造成的事故

电阻焊的特点是高频、高压、大电流，并且具有一定压力的金属高温熔接过程，如不严格遵守安全操作规程，易造成下列事故：

1. 电阻焊设备电气系统如因腐蚀、磨损、绝缘老化、接地失效，会造成作业人员触电的危险。

2. 电阻焊气动系统的压缩气体压力 0.5MPa，橡胶气管如老化或接头脱落，有可能导致橡胶管甩击伤人。

3. 电阻焊焊接有镀层工件时，高温使镀层气化，有害气体可能引发作业人员中毒。

4. 电阻焊焊接时，如操作不当，有可能受到机械气动压力的挤压伤害。

5. 焊接操作失当，在电流未全部切断时就提起电极，有可能造成电极工件间产生火花，造成烧穿工件，火花喷溅伤及作业人员。

6. 电阻焊因操作不当，如电极压力过小，电流密度过大或工件不洁引起局部电流导通，有可能造成火花喷溅伤及作业人员。

7. 点、缝焊搭接头的熔核尖角，工件的毛刺、锐边等，有可能造成作业人员的机械伤害。

8. 电阻焊熔核的高温（一般都超过工件金属的熔点），操作人员防护不当,也可能造成灼烫伤害。

9. 大功率单相交流焊机如操作不当,还可能危及电网的正常运行。

10. 电阻焊的冷却水如处理不当或泄漏($>0.15MPa$),会造成作业条件的恶化,有可能引发作业人员滑跌伤害或电气伤害。

(二)电阻焊的安全技术

1. 电阻焊焊工的安全操作技术

(1)操作人员必须经特种作业安全技术培训和电阻焊焊接技术的专业培训,考核合格后,持证上岗。

(2)操作人员需熟悉本岗位设备的操作性能和技术,严格按操作规程进行操作。

(3)精心操作,爱护设备,做到班前检查、班后维护,确保设备的电路、电器、气动气路、水路及制动、接地、仪表的完好,灵敏可靠,设备不得带病(隐患)作业。

(4)工作前应仔细、全面地检查焊接设备,使冷却水系统、气路系统及电气系统处于正常的状态,并调整焊接参数,使之符合工艺要求。

(5)穿戴好个人防护用品,如工作帽、工作服、绝缘鞋及手套等,并调整绝缘胶垫或工作台装置。

(6)启动焊机时,应先打开冷却水阀门,以防焊机烧坏。

(7)在操作过程中,注意保持电极、变压器的冷却水畅通。

(8)焊机绝缘必须良好,尤其是变压器一次侧电源线。

(9)操作时应戴上防护眼镜,操作者的眼睛应避开火花飞溅的方向,以防灼伤眼睛。

(10)在使用设备时,不要用手触摸电极头球面,以免灼伤。

(11)装卸工件要拿稳,双手应与电极保持一定的距离,手指不能置于两待焊件之间。工件堆放应稳妥、整齐,并留出通道。

(12)工作结束时,应关闭电源、气源、水源。

(13)作业区附近不能有易燃、易爆物品;工作场所应通风良好，保持安全、清洁的环境。粉尘严重的封闭作业间，应有除尘设备。

(14) 机架和焊机的外壳必须有可靠的接地。

2. 电阻焊设备应采取的安全技术

(1) 设备安装的安全技术

1) 焊机应远离有剧烈振动的设备，如大吨位冲床、空气压缩机等，以免引起控制设备工作失常。

2) 气源压力要求稳定，压缩空气的压力不低于 0.5MPa，必要时应在焊机附近安置储气筒。

3) 冷却水压力一般应不低于 0.15MPa，进水温度不高于 30℃。要求水质纯净，以减少造成漏电或引起管路堵塞。在有多台焊机工作的场地，当水源压力太低或不稳定时，应设置专用冷却水循环系统。

4) 在闪光对焊或点焊、缝焊有镀层的工件时，应有通风设备。

5) 排水。大多数电阻焊焊机都要水冷却。对于排水，一般是经过集水管排出，在点焊和缝焊时，还可采用浇水方式使电极和工件冷却，冷却水由附加集水槽排出。

(2) 机械方面应采取的安全技术

1) 电阻焊设备上的启动装置，如按钮、脚踏开关等，应布置在安全部位或加防护装置，以防操作者因疏忽而触动。

2) 在多点焊机上，操作者的手有可能从操作点下穿过，应装置防碰传感器、制动器、挡块、栅栏或双手控制器等进行有效的防护。

3) 在固定式单头电阻焊机上，应装置能防止操作者的手从操作点下通过的机器罩或固定架，还应装置操作者的手处在操作点下面时，能防止加压机构动作的双手控制器、制动器、防碰传感器或类似机构。

4) 与焊接设备有关的链、齿轮、操作杆和胶带等，都应有防护罩。

5）每台焊机上应装置一个或多个紧急停机按钮，至少在每个操作者位置上有一个。

6）必须装置用适当防火材料制成的防护罩，或操作者戴经审定的护目镜，以防飞溅对眼睛的伤害。

（3）电气方面应采取的安全技术

1）变压器一次侧绕组及其他与电源线路连接的部分，对地的绝缘电阻不小于 $1M\Omega$。焊机中不与地线相连接、电压大于交流 36V 或直流 48V 的电气装置上的任一回路，其对地绝缘电阻应不小于 $1M\Omega$；电压等于或小于交流 36V 或直流 48V 者，则其对地绝缘电阻应不小于 $0.4M\Omega$。

2）焊接变压器的次级回路应与焊机机身有电气连接，焊机机身用直径不小于 8mm 的防腐蚀螺丝可靠接地。

3）装有高压电容器的焊机和控制面板必须有合适的电气绝缘，并应完全封闭。所有机壳的门必须装有合适的联锁装置，其触点应与控制电路接通。当门或面板打开时，联锁装置必须有效地切断电源，并使所有电压电容器向适当的电阻性负载放电。

第五章　气割安全操作技术

第一节　气割常用气体的性质及使用安全要求

能够燃烧的并能在燃烧过程中释放出大量能量的气体，称为可燃气体；本身不能燃烧，但能帮助其他可燃物质燃烧的气体为助燃气体。

气割常用的可燃气体有乙炔（C_2H_2）、液化石油气等；常用的助燃气体是氧气。下面我们着重介绍一下工业上常用的可燃、助燃气体的性质：

一、氧气

1. 氧气的物理化学性质

氧气（O_2）是一种无色无味无毒的气体。在标准状态下，氧气的密度是 $1.43kg/m^3$ 比空气略重，在空气中约占 21%，微溶于水。常压下，氧气在 $-183℃$ 时变为淡蓝色的液体，在 $-218℃$ 时变成雪花状的淡蓝色的固体。工业上用的大量氧气主要采用液态空气分离法制取。就是把空气引入制氧机内，经过高压和冷却，使之凝结成液体，然后让它在低温下挥发，根据氧气与氮气的沸点不同，来制取氧气。

氧气不能燃烧，但能助燃，是强氧化剂，与可燃气体混合燃烧可以得到高温火焰。如前边讲过的与乙炔混合燃烧时的温度可达 $3200℃$ 以上，所以氧气广泛应用于气焊气割行业。

2. 氧气的安全特点

有机物在氧气里的氧化反应具有放热的性质，即在反应进行时放出大量的热量。增高氧的压力和温度，会使氧化反应显著加快，在一定的条件下，由于物质氧化得越来越多和氧化过程温度增高而增加放出的热量，使有机物在压缩或加热的氧气里的氧化过程加速进行。当压缩的气态氧与矿物油、油脂或细微分散的可燃物质(炭粉、有机物纤维等)接触时，能够发生自燃，时常成为失火或爆炸的原因。氧的突然压缩所放出的热量、摩擦热和金属固体微粒碰撞热、高速度气流中的静电火花放电等，也都可以成为火灾的最初因素。因此，当使用氧气时，尤其是在压缩状态下，必须经常注意不要使它与易燃物质相接触。

氧几乎能与所有可燃气体和液体燃料的蒸气混合而形成爆炸性混合气，这种混合气具有很宽的爆炸极限范围，所以氧气减压表禁油。

多孔性有机物质(炭、炭黑、泥炭、羊毛纤维等)，浸透了液态氧(所谓液态炸药)，当遇火源或在一定的冲击力下就会产生剧烈的爆炸。在焊接及其他气体火焰加工过程中使用氧气时，应当经常注意到氧的上述性质。

氧气越纯，则可燃混合气燃烧的火焰温度越高。根据 GB/T 3863—1995 标准规定，工业用的氧气可分为三个等级，优等品纯度不低于 99.7%，一等品纯度不低于 99.5%，合格品纯度不低于 99.2%。氧气用压缩机压进氧气瓶或各种管道，氧气瓶内工作压力为 15MPa，输送管道内的压力为 0.5～15MPa。

二、乙炔

(一)乙炔的物理化学性质

乙炔(C_2H_2)，又名电石气，是不饱和的碳氢化合物，在常温和大气压力下，它是一种无色气体，工业用乙炔中，因为混有硫化氢(H_2S)及磷化氢(PH_3)等杂质，故具有特殊的臭味。在标准状态下，密度为 $1.179kg/m^3$，比空气稍轻，-83℃时乙炔可变成液体，-85℃时乙炔将变为固体，液体和固体乙炔在一定条件下可能因摩擦和冲击而爆炸。

乙炔是理想的可燃气体，与空气混合燃烧时所产生的火焰温度为 2350℃，而与氧气混合燃烧时所产生的火焰温度为 3000～3300℃，因此用它足以熔化金属进行焊接，乙炔完全燃烧反应式如下：

$$2C_2H_2+5O_2=4CO_2+2H_2O+Q(放热)$$

从上式看出：1体积的乙炔完全燃烧需要2.5体积的氧。

(二) 乙炔的爆炸性及溶解性

乙炔是一种危险的易燃易爆气体。它的自燃点低(305℃)，点火能量小(0.019mJ)。在一定条件下，很容易因分子的聚合，分解而发生着火、爆炸。

1. 纯乙炔的分解爆炸性

纯乙炔的分解爆炸性，首先决定于它的压力和温度，同时与接触介质、乙炔中的杂质、容器形状等有关。

(1) 当温度超过200～300℃时，乙炔分子就开始聚合，而形成其他更复杂的化合物，如苯(C_6H_6)等。聚合作用是放热的，温度越高，聚合作用速度越快，因而放出的热量就会促成更进一步的聚合。当温度高于500℃时，未聚合的乙炔就会发生爆炸分解。如果在聚合过程中将热量急速排除，则反应只限于一部分乙炔的聚合作用，而分解爆炸则可避免。

(2) 乙炔的分解爆炸与触媒剂有关，当压力为0.4MPa时，与发热的小铁管表面接触而产生爆炸的最低温度为：

有铁屑时为520℃；有黄铜时为500～520℃；

有活性炭时为400℃；有碳化钙时为500℃；

有氧化铁时为280℃；有氧化铜时为240℃；

有氧化铝时为490℃；有紫铜屑时为460℃；

有铁锈(氧化铁)时为280～300℃。

这些触媒剂能把乙炔分子吸附在自己表面上，结果使乙炔的局部浓度增高而加速了乙炔分子之间的聚合和爆炸分解。

(3) 乙炔的分解爆炸与存放的容器形状和大小有关。容器的直径越小，则越不容易爆炸。在毛细管中，由于管壁冷却作用及阻力，爆炸的可能性会大为降低。根据这个原理，目前使用的乙炔胶管孔径都不太大，管壁也比较薄，对防止乙炔在管道内爆炸是有利的。

(4) 乙炔与铜、银、水银等金属或其盐类长期接触时，会生成乙炔铜(Cu_2C_2)和乙炔银(Ag_2C_2)等爆炸性混合物,当受到摩擦冲击时就会发生爆炸。因此凡供乙炔使用的器材都不能用银和含铜量70%以上的铜合金制造。

(5)乙炔与氯、次氯酸盐等化合,在日光照射下以及加热等外界条件下就会发生燃烧和爆炸。所以乙炔燃烧失火时,绝对禁止使用四氯化碳灭火。

2. 乙炔与空气、氧气和其他气体混合气的爆炸性

(1)乙炔及其他可燃气体凡与空气或氧气混合时就提高了爆炸危险性。乙炔和其他可燃气体与空气和氧气混合气的爆炸范围见表5-1。

可燃气体与空气和氧气混合气的爆炸极限 表5-1

可燃气体名称	可燃气体在混合气中含量(%容积)	
	空气中	氧气中
乙炔	2.2~81.0	2.8~93.0
氢	3.3~81.5	4.6~93.9
一氧化碳	11.4~77.5	15.5~93.9
甲烷	4.8~16.7	5.0~59.2
天然气	4.8~14.0	
石油气	3.5~16.3	

乙炔与空气或纯氧的混合气如果其中任何一种达到了自燃温度(与空气混合气体的自燃温度为305℃,与氧气混合气体的自燃温度为300℃)就是在大气压力下也能爆炸。是否会达到自燃温度而导致爆炸,基本上只决定于其中乙炔的含量。

(2)乙炔中混入与其不发生化学反应的气体,如氮气、甲烷、一氧化碳、水蒸气、石油气等,或把乙炔溶解在液体里,能够降低乙炔的爆炸性。这是因为乙炔分子之间被其他气体或液体的微粒所隔离,因而使进行爆炸的连锁反应条件变坏的缘故。

乙炔能够溶解在许多液体中,特别是有机液体中,如丙酮

等。在15℃、0.1MPa时，1个体积丙酮能溶解23个体积乙炔，在压力增大到1568kPa时，1体积丙酮能溶解约360个体积的乙炔。因此加入丙酮能大大增加乙炔的存储量。同时乙炔压入气瓶后，便溶解于丙酮中，并被分布在多孔性填料的细孔内，乙炔分子被细孔壁所隔离。因此1个分子的分解不会扩散到邻近其他分子，一部分乙炔发生爆炸分解，也不会传及瓶内的全部气体。人们就是利用乙炔这个特性，将乙炔装入乙炔瓶内来储存、运输和使用的。

三、液化石油气

液化石油气（简称石油气）是石油炼制工业的副产品，其主要成分是丙烷（C_3H_8），大约占50%～80%，其余是丙烯（C_3H_6）、丁烷（C_4H_{10}）、丁烯（C_4H_8）等，在常温和大气压力下，组成石油气的这些碳氢化合物以气态存在。但是只要加上不大的压力（一般为0.8～1.5MPa）即变为液体，液化后便于装入瓶中贮存和运输。在标准状态下，石油气的密度为1.8～2.5kg/m^3，比空气重，但其液体的比重则比水、汽油轻。

石油气燃烧的温度比乙炔火焰温度低，丙烷在氧气中燃烧的温度为2000～2800℃，用于气割时，金属预热时间需稍长，但可减少切口边缘的过烧现象，切割质量较好，在切割多层叠板时，切割速度比乙炔快20%～30%。石油气除越来越广泛地应用于钢材的切割外，还用于焊接有色金属。国外还采用乙炔与石油气混合后作为焊接气源。

石油气有以下特点和安全要求：

1. 石油气易挥发，闪点低，其中的主要成分丙烷挥发点为－42℃，闪点－20℃，所以在低温时，它的易燃性就是很大的。

2. 石油气燃烧的化学反应式（以丙烷为代表）为：
$$C_3H_8 + 5O_2 = 3CO_2 + 4H_2O + 2350kJ/mol$$

即一份丙烷（石油气）需要五份氧气与之化合（但实际需要量要比理论上多10%）才能完全燃烧。若供氧不足，燃烧不充分，会产生一氧化碳，使人中毒，严重时有致命危险。

3. 组成石油气的几种气体都能和空气形成爆炸性混合气。但是它们的爆炸极限范围比较窄。例如丙烷、丁烷和丁烯的爆炸极限分别为 2.17%～9.5%；1.15%～8.4%和 1.7%～9.6%，液化石油气的燃点比乙炔高，因此使用时比乙炔安全。但石油气和氧气混合气有较宽的爆炸极限，范围为 3.2%～64%。

4. 气态石油气比空气重(密度约为空气的 1.5 倍)，易于向低处流动而滞留积聚，液化石油气比汽油轻，能飘浮在水沟的液面上，随水流动并在死角处聚集，而且易挥发。如果以液体流动会扩散成 350 倍的气体，在使用、贮存石油气时，应采取安全措施，如暖气沟进出口应砌砖抹灰，电缆沟进出口应填装砂，下水道应装水封等，室内应有良好通风。通风口除设在高处外，还应设在低处，有利于对流。

5. 石油气对普通橡胶导管和衬垫有腐蚀性，能引起漏气，必须采用耐油性强的橡胶导管和衬垫，不能随便更换而采用普通橡皮管和衬垫。

6. 石油气瓶内部的压力与温度成正比。在零下 40℃时，压力为 0.1MPa，在 20℃时为 0.7MPa，40℃时为 2MPa。所以石油气瓶与热源、暖气和电等应保持 1.5m 以上的安全距离，更不许用火烤。液化石油气瓶的瓶体温度不能超过 45℃。其他必须遵守氧气瓶和乙炔气瓶的使用规则。

7. 石油气有一定毒性，空气中含量很少时，人呼吸了一般不会中毒，但当它的浓度较高时，就会引起人的麻醉，在浓度大于 10%的空气中停留三分钟后，就会使人头脑发晕。

8. 石油气点火时，要先点燃引火物后再开气，不要颠倒次序。

第二节 常用气瓶的结构和使用安全要求

一、气瓶结构

用于气割与气焊的氧气瓶属于压缩气瓶，乙炔瓶属于溶解气瓶，石油气瓶属于液化气瓶。

(一) 氧气瓶

1. 氧气瓶的构造

氧气瓶是贮存和运输氧气的专用高压容器，其构造如图 5-1 所示。它是由瓶体、胶圈、瓶箍、瓶阀和瓶帽五部分组成。瓶体外部装有两个防震胶圈，瓶体表面为天蓝色，并用黑漆标明"氧气"字样，用以区别其他气瓶。为使氧气瓶平稳直立的放置，制造时把瓶底挤压成凹弧面形状。为了保护瓶阀在运输中免遭撞击，在瓶阀的外面套有瓶帽。氧气瓶在出厂前都要经过严格检验，并需对瓶体进行水压试验。试验压力应达到工作压力的 1.5 倍，即：$15MPa \times 1.5 = 22.5MPa$

氧气瓶一般使用三年后应进行复验，复验内容有水压试验和检查瓶壁腐蚀情况。有关气瓶的容积、质量、出厂日期、制造厂名、工作压力，以及复验情况等项说明，都应在钢瓶收口处钢印中反映出来，如图 5-2、图 5-3 所示。

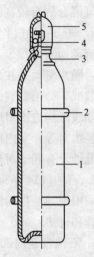

图 5-1 氧化气瓶的构造
1—瓶体；2—胶圈；
3—瓶箍；4—瓶阀；
5—瓶帽

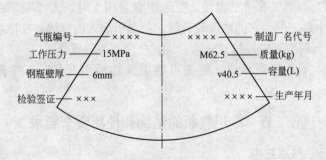

图 5-2 氧气瓶肩部标记

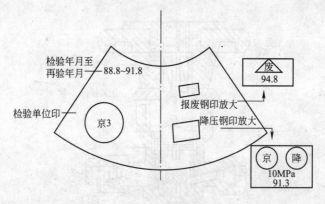

图 5-3 复验标记

目前,我国生产的氧气钢瓶规格(详见表 5-2),氧气瓶的额定工作压力为 15MPa,最常见的容积为 40L,当瓶内压力为 15MPa 表压时,该氧气瓶的氧气贮存量为 6000L,即 $6m^3$。

氧 气 瓶 规 格 表 5-2

颜色	工作压力(MPa)	容积(L)	外径尺寸(mm)	瓶体高度(mm)	质量(kg)	水压试验压力(MPa)	采用瓶阀规格
天蓝	15	33	φ219	1150±20	45±2	22.5	QF-2 型铜阀
		40		1370±20	55±2		
		44		1490±20	57±2		

2. 氧气瓶阀

氧气瓶阀是控制氧气瓶内氧气进出的阀门。国产的氧气阀门构造分为两种:一种是活瓣式,另一种是隔膜式。隔膜式阀门气密性好,但容易损坏,使用寿命短。因此目前多采用活瓣式阀门,其结构如图 5-4 所示。

活瓣式瓶阀结构主要有阀体、密封垫圈、手轮、压紧螺母、阀杆、开关片、活门及安全装置等组成。除手轮、开关片、密封垫圈外,其余都是由黄铜或青铜压制和机加工而成的。为使瓶口和瓶阀紧密结合,将阀体和氧气瓶口结合的一端,加工成锥形管

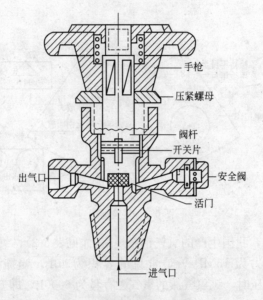

图 5-4 活瓣式氧气瓶阀

螺纹,以旋入气瓶口内;阀体的出气口处,加工成定型螺纹,用以连接减压器。阀体的出气口背面,装有安全装置。

使用氧气时,将手轮逆时针方向旋转,是开启氧气阀门。旋转手轮时,阀杆也随之转动,再通过开关片使活门一起转动,造成活门向上或向下移动。活门向上移动,气门开启,瓶内的氧气从出气口喷出。活门向下压紧时,由于活门内嵌有用尼龙材料制成的气门垫,因此可以使活门密闭。瓶阀活门上下移动的范围为 1.5~3mm。

3. 氧气瓶的安全使用规则

(1)室内或室外使用氧气瓶时,都必须将氧气瓶妥善安放,以防止倾倒。在露天使用时,氧气瓶必须安放在冷棚内,以避免太阳光的强烈照射。

(2)氧气瓶一般应该直立放置,只有在个别情况下才允许卧置,但此时应该把瓶颈稍微搁高一些,并且在瓶的旁边用木块等东西塞好,防止氧气瓶滚动而造成事故。

(3) 严禁氧气瓶阀、氧气减压器、焊炬、割炬、氧气胶管等粘上易燃物质和油脂等,以免引起火灾或爆炸。

(4) 取瓶帽时,只能用手或扳手旋转,禁止用铁锤等敲击。

(5) 在瓶阀上安装减压器之前,应缓慢地拧开瓶阀,吹掉出气口内杂质,再轻轻地关闭阀门。装上减压器后,要缓慢地开启阀门,以防开得太快,高压氧流速过急产生静电火花而引起减压器燃烧或爆炸。

(6) 在瓶阀上安装减压器时,与阀口连接的螺母要拧紧,以防止开气时脱落,人体要避开阀门喷出方向,并慢慢开启阀门。

(7) 冬季要防止氧气瓶冻结,如已冻结,只能用热水或蒸汽解冻。严禁用明火直接加热,也不准敲打,以免造成瓶阀断裂。

(8) 氧气瓶不可放置在焊割施工的钢板上及有电流通过的导体上。

(9) 氧气瓶停止工作时,应松开减压器上的调压螺丝,再关闭氧气阀门。

(10) 当氧气瓶与乙炔瓶、氢气瓶、液化石油气瓶并排放置时,氧气瓶与可燃气体气瓶必须相距 5m 以上。

(11) 氧气瓶内的氧气不能全部用完,最后要留 $0.1\sim0.2$ MPa 的氧气,以便充氧时鉴别气体的性质和吹除瓶阀口的灰尘,以避免混进其他气体。

(12) 氧气瓶在运送时必须戴上瓶帽。并避免相互碰撞。不能与可燃气体的气瓶、油料以及其他可燃物同车运输。在厂内运输要用专用小车,并固定牢固。不得将氧气瓶放在地上滚动。

(13) 氧气瓶必须定期检查,合格后才能继续使用。

(二) 乙炔气瓶

1. 乙炔气瓶的构造

乙炔气瓶是贮存和运输乙炔气的压力容器,其外形与氧气瓶相似，但比氧气瓶略短（1.12m）、直径略粗（250mm），瓶体表面涂白漆，并印有"乙炔气瓶"、"不可近火"等红色字样。因乙炔不能用高压压入瓶内贮存，所以乙炔瓶的内部构造较氧气瓶要复杂得多。乙炔瓶内有微孔填料布满其中，而微孔填料中浸满丙酮，利用乙炔易溶解丙酮的特点，使乙炔稳定、安全地贮存在乙炔气瓶中，具体构造如图5-5所示。

瓶阀下面中心连接一椎形不锈钢网，内装石棉或毛毡，其作用是帮助乙炔从丙酮溶液中分解出来。瓶内的填料要求多孔且轻质，目前广泛应用的是硅酸钙。

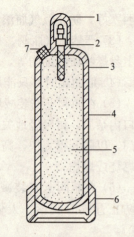

图5-5 乙炔气瓶的构造
1—瓶帽；2—瓶阀；3—分解网；
4—瓶体；5—微孔填料（硅酸钙）；
6—底座；7—易熔塞

为使气瓶能平稳直立的放置，在瓶底部装有底座，瓶阀装有瓶帽。为了保证安全使用，在靠近收口处装有易熔塞，一旦气瓶温度达到100℃左右时，易熔塞即熔化，使瓶内气体外逸，起到泄压作用。另外瓶体装有两道防震胶圈。

乙炔气瓶出厂前，需经严格检验，并做水压试验。乙炔气瓶的设计压力为3MPa，试验压力应高出一倍。在靠近瓶口的部位，还应标注出容量、质量、制造年月、最高工作压力、试验压力等内容。使用期间，要求每三年进行一次技术检验，发现有渗漏或填料空洞的现象，应报废或更换。

乙炔气瓶的额定工作压力为1470kPa，乙炔瓶的容量为40L，一般乙炔瓶中能溶解6～7kg乙炔。使用乙炔时应控制排放量，否则会连同丙酮一起喷出，造成危险。

2. 乙炔瓶阀

乙炔瓶阀是控制乙炔瓶内乙炔进出的阀门，它的构造如图5-6所示。

它主要包括阀体、阀杆、密封垫圈、压紧螺母、活门和过滤件等几部分。乙炔阀门没有手轮，活门开启和关闭是靠方形套筒扳手完成的。当方形套筒扳手按逆时针方向旋转阀杆上端的方形头时，活门向上移动是开启阀门，反之则是关闭。乙炔瓶阀体是由低碳钢制成的，阀体下端加工成 $\phi27.8\times14$ 牙/英寸螺纹的锥形尾，以使旋入瓶体上口。由于乙炔瓶阀的出气口处无螺纹，因此使用减压器时必须带有夹紧装置与瓶阀结合，减压器的出口处必须安装经技监部门认可的乙炔气瓶专用回火防止器。回火防止器作用是当焊（割）炬发生回火时，立即切断乙炔通路，防止继续燃烧。

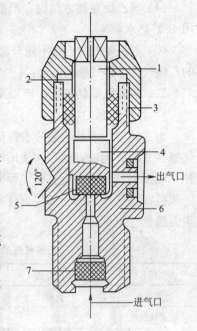

图 5-6 乙炔阀门的构造
1—阀杆；2—压紧螺母；3—密封圈；
4—活门；5—尼龙垫；6—阀体；
7—过滤件

3. 乙炔瓶的安全使用规则

乙炔瓶内的最高压力是 1.5MPa。由于乙炔是易燃、易爆的危险气体，所以在使用时必须谨慎，除了必须遵守氧气瓶的使用要求外，还必须严格遵守下列各点。

（1）乙炔瓶应该直立放置，卧置会使丙酮随乙炔流出，甚至会通过减压器流入乙炔胶管和割炬内，引起燃烧和爆炸。

（2）乙炔瓶不应受到剧烈震动，以免瓶内多孔性填料下沉而形成空洞，影响乙炔的储存，引起乙炔瓶爆炸。

（3）乙炔瓶体温度不能超过40℃，乙炔在丙酮中的溶解度随着温度的升高而降低。

(4) 当乙炔瓶阀冻结时，严禁用明火直接烘烤，必要时只能用40℃热水解冻。

(5) 乙炔瓶内的乙炔不能全部用完，最后要留 0.05～0.1MPa 的乙炔气，并将气瓶阀门关紧。

二、各种气瓶的鉴别、连接及储存、运输的管理制度

1. 各种气瓶的鉴别

为了让使用者从气瓶外表能区别各种气体和危险程度，避免气瓶在充灌、运输、储存和使用时造成混淆而发生事故。因而各种气瓶根据《气瓶安全监察规程》规定涂刷不同的颜色，并按规定颜色标写气体名称。焊接、气割中常用的各种气体，其气瓶外表的颜色标志见表 5-3。

各种气瓶的颜色标志　　表 5-3

气瓶名称	涂漆颜色	字样	字样颜色
氧气瓶	天蓝	氧	黑
乙炔气瓶	白	乙炔	红
液化石油气瓶	银灰	液化石油气	红
丙烷气瓶	褐	液化丙烷	白
氢气瓶	深绿	氢	红
氩气瓶	灰	氩	绿
二氧化碳气瓶	铝白	液化二氧化碳	黑
氮气瓶	黑	氮	黄

2. 各种气瓶的连接形式

氧气瓶、乙炔瓶、液化气瓶等为了使用安全并避免发生错误，因而采用不同的连接形式见表 5-4。

各种气瓶的连接形式　　表 5-4

气瓶名称	连接形式	气瓶名称	连接形式
氧气瓶	顺旋螺纹	石油气瓶	倒旋螺纹
乙炔气瓶	夹紧	丙烷气瓶	倒旋螺纹

3. 气瓶的储存及运输管理制度

气瓶使用单位的运输操作和管理人员必须严格遵守有关气瓶安全管理的规章制度。

(1) 放置整齐,并留有适当宽度的通道。

(2) 气瓶应直立放置,并设有栏杆或支架加以固定,防止跌倒。氧气瓶卧放时必须固定,瓶头都朝向一边,堆放整齐,高度不应超过5层。

(3) 气瓶安全帽必须旋紧。

(4) 不得靠近热源,不受日光暴晒。

(5) 不准与相互抵触的易燃易爆品储存在一起。

(6) 充装、运输、储存气瓶的场所严禁动火和吸烟。

(7) 易燃物品、油脂和带有油污的物品不准与氧气瓶同车运输。

(8) 用汽车运输气瓶时,一律应按车厢横向装放。

(9) 装有气瓶的车辆应有"危险品"的标志。

(10) 轻装轻卸、防止振动、装卸时禁止采用抛、摔及其他容易引起撞击的方法。

(11) 储存氧气、乙炔、石油气瓶的仓库或临时仓库周围禁止堆放易燃物品,并禁绝火种。

三、割炬的型号及主要技术数据(表5-5)

割炬的型号及主要技术数据　　表5-5

割炬型号	G01-30			G01-100			G01-300				G02-100				
结构形式	射吸式										等压式				
割嘴号码	1	2	3	1	2	3	1	2	3	4	1	2	3	4	5
割嘴切割氧孔径(mm)	0.7	0.9	1.1	1.0	1.3	1.6	1.8	2.2	2.6	3.0	0.7	0.9	1.1	1.3	1.6
切割低碳钢厚度(mm)	3~30			10~100			100~300				3~100				
氧气工作压力(MPa)	0.2	0.25	0.3	0.3	0.4	0.5	0.5	0.65	0.8	1.0	0.2	0.25	0.3	0.4	0.5

续表

乙炔工作压力 (MPa)	0.001~0.1										0.04	0.04	0.05	0.05	0.06
可换割嘴个数	3			4											
可见切割氧流长度 (mm)	≥60	≥70	≥80	≥80	≥90	≥100	≥110	≥130	≥150	≥170	≥60	≥70	≥80	≥90	≥100
割炬总长度 (mm)	500			550			650				550				

注：割炬型号含义：G—割炬；0—手工；1—射吸式；2—等压式；30、100、300—切割低碳钢的最大厚度分别为30mm、100mm、300mm。

割嘴的构造与焊嘴不同，见图5-7，焊嘴上的喷射孔是小圆孔，所以火焰呈圆锥形；而割嘴上的混合气体喷射孔是环形或梅花形的，因此作为气割预热火焰的外形呈环状分布。

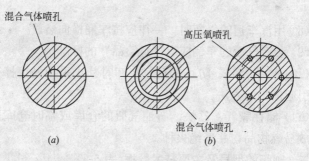

图 5-7 割嘴与焊嘴的截面比较
(a)焊嘴；(b)割嘴

1. 射吸式割炬的工作原理

气割时，先逆时针方向稍微开启预热氧调节阀，再打开乙炔调节阀，使氧气与乙炔在喷嘴内混合后，经过混合气体通道从割嘴喷出，并立即点火，经适当调节后形成所需的环形预热火焰，对割件进行预热。待割件预热至燃点时，即逆时针方向开启高压氧调节阀，此时高速氧气流将割缝处的金属氧化并吹除，随着割炬的不断移动即在割件上形成割缝，射吸式割炬工作原理见图5-8。

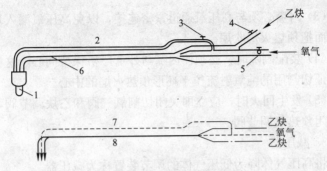

图 5-8 射吸式割炬工作原理图

1—割嘴；2—切割氧气通道；3—切割氧气开关；4—乙炔调节阀；
5—预热氧气调节阀；6—混合气体管路；7—高压氧；8—混合气体

2. 割炬安全使用规则

割炬应注意以下各点：

(1) 由于割炬内通有高压氧气，因此割嘴的各个部分和各处接头的紧密性要特别注意，以免漏气。焊炬、割炬的每个连接部位应具备良好的气密性。

(2) 切割时，飞溅出来的金属微粒与熔渣微粒较多，喷孔易堵塞，孔道内易黏附飞溅物，因此要经常用通针通，以免发生回火，从理论上讲回火的原因是由于供气速度小于燃烧速度。射吸式割炬的构造见图 5-9。

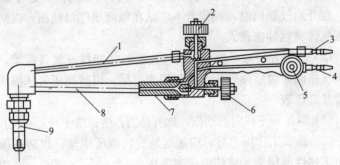

图 5-9 射吸式割炬的构造

1—切割氧气管；2—切割氧气阀；3—氧气管；4—乙炔管；5—乙炔调节阀；
6—预热氧调节阀；7—射吸管；8—混合气管；9—割嘴

(3) 内嘴必须与高压氧通道紧密连接,以免高压氧漏入环形通道而把预热火焰吹熄。

(4) 装配割嘴时,必须使内嘴与外嘴严格保持同心,这样才能保证切割用的纯氧射流位于环形预热火焰的中心。

(5) 发生回火时,应立即关闭切割氧气阀和乙炔调节阀,然后关闭预热氧调节阀。

3. 减压器

将高压气体降为低压气体的调节装置称为减压器。

(1) 减压器的作用

减压器又称为压力调节器,其作用有二:减压作用与稳压作用。

(2) 减压器的分类

1) 按用途不同可分为集中式和岗位式。

2) 按构造不同可分为单级式和双级式。

3) 按工作原理不同可分为正作用式和反作用式。

目前国内生产的减压器主要是单级反作用式和双级混合式两类(目前使用 QD-2A 单极氧气减压器,它的安全阀泄气压力为 $1.568\sim1.72$ MPa)。

4. 减压器的安全使用技术

(1) 安装氧气减压器之前,先打开氧气瓶阀门吹除污物,以防灰尘和水分带入减压器内,然后关闭氧气瓶阀门再装上减压器。在开启气瓶阀时,操作者不应站在瓶阀出气口前面,以防止高压气体突然冲击伤人。

(2) 应预先将减压器调压螺丝旋松后才能打开氧气瓶阀,开启氧气瓶阀时要缓慢进行,不要用力过猛,以防高压气体损坏减压器及高压表。

(3) 减压器不得附有油脂,如有油脂,应擦洗干净后再使用。

(4) 调节工作压力时,应缓缓地旋转调压螺丝,以防高压气体冲坏弹性薄膜装置或使低压表损坏。

(5) 用于氧气的减压器应涂蓝色,乙炔减压器应涂白色,不得相互换用。

(6)减压器冻结时,可用热水或蒸汽解冻,不许用火烤。冬天使用时,可在适当距离安装红外线灯加温减压器,以防冻结。

(7)减压器停止使用时,必须先把调节螺丝旋松再关闭氧气瓶阀,并把减压器内的气体全部放掉,直到低、高压表的指针指向零值为止,高压氧是指压力在3MPa以上。

(8)开启氧气瓶阀后,检查各部位有无漏气现象,压力表是否工作正常,待检查完毕后再接氧气橡皮管。

(9)减压器必须定期检修,压力表必须定期校验,以确保调压可靠和读数准确。

5. 减压器的故障排除

减压器由于使用不当或其他因素会产生各种故障,现将故障特征、可能产生的原因及消除方法列于表5-6。

减压器的常见故障及其消除方法　　　表5-6

故障特征	可能产生的原因	消除方法
减压器连接部分漏气	1. 螺纹配合松动 2. 垫圈损坏	1. 把螺帽扳紧 2. 调换垫圈
安全阀漏气	活门垫料与弹簧产生变形	调整弹簧或更换活门垫料
减压器罩壳漏气	弹性薄膜装置的膜片损坏	应拆开更换膜片
调压螺丝虽已旋松,但低压表有缓慢上升的自流现象(或称直风)	1. 减压活门或活门座上有垃圾 2. 减压活门或活门座损坏 3. 副弹簧损坏	1. 去除垃圾 2. 调换减压活门 3. 调换副弹簧
减压器使用时,遇到压力下降过大	减压活门副密封不良或有垃圾	去除垃圾和调换密封垫料
工作过程中,发现气体供应不上或压力表指针有较大摇动	1. 减压活门产生了冻结现象 2. 氧气瓶阀开启不足	1. 用热水或蒸气加热方法消除,切不可用明火加温,以免发生事故 2. 加大瓶阀开启程度
高、低压力表指针不回到零值	压力表损坏	修理或调换后再使用

6. 气焊、切割的辅助工具

(1) 护目镜：焊工应根据材质和需要选择镜片颜色和深浅。护目镜的作用有二：一是保护焊工眼睛不受火焰亮光的刺激。二是防止金属微粒的飞溅而损伤眼睛。

(2) 点火枪：使用手枪式点火枪最为安全方便。

(3) 胶管：氧气瓶和乙炔瓶中的气体须用胶管输送到焊炬和割炬中。胶管按照 GB 2550—1992 和 GB 2551—1992 规定，氧气胶管为蓝色，允许工作压力为 1.5MPa；乙炔胶管为红色，允许工作压力为 0.3MPa。

通常，氧气管的内径为 8mm，乙炔管的内径为 10mm。无论氧气管和乙炔管均要耐磨、耐高温。连接焊、割炬胶管长度不能短于 10m，一般以 10~15m 为佳，太长了会增加气体流动阻力、消耗气体。焊、割炬用胶管禁止接触油污及漏气，氧、乙炔胶管严禁互换使用。

第六章 焊(割)操作中常见的触电事故原因及防范

随着我国经济的迅猛发展和城市化进程的加快,在城市建设、室内外装修、局部环境改造过程中,电焊、气割施工作业越来越普遍。在焊割作业中,人们常用的是电焊、气焊和气割,属明火作业,具有高温、高压、易燃易爆的危险,而作业现场焊割时会产生大量的火花,加上灼热的金属火花会到处飞溅,操作不当易发生火灾或爆炸事故。从全国发生的一些重特大火灾事故原因分析来看,不少重大火灾的罪魁祸首是违章焊割作业。这些火灾事故给我们都造成了重大人员伤亡或者财物损失,带来了不良的社会影响。

电弧焊是利用电弧把电能转换成熔化焊接过程所需要的热能和机械能。电弧焊接时采用的弧焊机等电气设备及焊钳、焊件均是带电体。电弧焊接时还会产生高温、金属熔渣飞溅、烟尘、金属粉尘、弧光辐射等危险因素。因此,焊割作业时,如不严格遵守安全操作规程,则可能造成火灾、爆炸、触电、中毒、灼伤。

焊割现场生产过程中可能造成的事故类型见图 6-1。

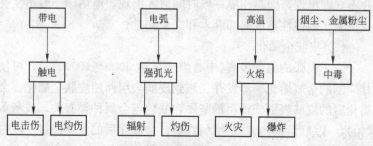

图 6-1 焊割现场造成事故的类型

第一节 电流对人体的伤害

一、电流对人体的伤害

电流对人体的伤害有电击伤、电灼伤、电磁场生理伤害三种形式。

（一）电流对人体危害的三种形式

1. 电击伤

电击是由于电流通过人体造成人体外部、局部的伤害。如刺痛、灼热感、痉挛、麻痹、昏迷、心室颤动或停跳、呼吸困难或停止等现象。电流对人体造成死亡绝大部分是电击所致。

2. 电灼伤

电灼伤有接触灼伤和电弧灼伤两种。接触灼伤发生在高压触电事故时，在电流通过人体皮肤的进出口处造成的灼伤，一般进口处比出口处灼伤严重。接触灼伤面积虽较小，但深度可达三度。灼伤处皮肤呈黄褐色，可波及皮下组织、肌肉、神经和血管，甚至使骨骼炭化。由于伤及人体组织深层，伤口难以愈合。

电弧灼伤发生在误操作或人体过分接近高压带电体而产生电弧放电时，这时高温电弧将如同火焰一样把皮肤烧伤，被烧伤的皮肤将发红、起泡、烧焦、坏死。电弧还会使眼睛受到严重损害。

（1）电烙印

电烙印发生在人体与带电体有良好的接触的情况下，在皮肤表面将留下和被接触带电体形状相似的肿块痕迹。有时在触电后并不立即出现，而是相隔一段时间后才出现。电烙印一般不发炎或化脓，但往往造成局部麻木和失去知觉。

（2）皮肤金属化

由于电弧的温度极高(中心温度可达 6000~10000℃)，可使其周围的金属熔化、蒸发并飞溅到皮肤表层而使皮肤金属化。金属化后的皮肤表面变得粗糙坚硬，肤色与金属种类有关，或灰黄(铅)，或绿(紫铜)，或蓝绿(黄铜)。金属化后的皮肤经过一段时间会自行脱落，一般不会留下不良后果。

3. 电磁场生理伤害

电磁场生理伤害是指在高频电磁场的作用下，器官组织及其功能将受到损伤，主要表现为神经系统功能失调，如头晕、头痛、失眠、健忘、多汗、心悸、厌食等症状，有些人还会有脱发、颤抖、弱视、性功能减退、月经失调等异常症状。其次是出现较明显的心血管症状，如心律紊乱、血压变化、心区疼痛等。如果伤害严重，还可能在短时间内失去知觉。

电磁场对人体的伤害是功能性的，并具有滞后性特点。即伤害是逐渐积累的，脱离接触后症状会逐渐消失。但在高强度电磁场作用下长期工作，一些症状可能持续成痼疾，甚至遗传给后代。

（二）电流对人体危害程度的有关因素

电流对人体的危害程度与通过人体的电流强度、通电持续时间、电流的频率、电流通过人体的部位（途径）以及触电者的身体状况等多种因素有关。

1. 电流强度

通过人体的电流越大，人体的生理反应越强烈，对人体的伤害就越大。按照人体对电流的生理反应强弱和电流对人体的伤害程度，可将电流大致分为感知电流、摆脱电流和致命电流。

2. 电流通过人体的持续时间

触电致死的生理现象是心室颤动。电流通过人体的持续时间越长，越容易引起心室颤动，触电的后果也越严重。这一方面是由于通电时间越长，能量积累越多，较小的电流通过人体就可以引起心室颤动；另一方面是由于心脏在收缩与舒张的时间间隙（约 $0.1s$）内对电流最为敏感，通电时间一长，重合这段时间间隙的可能性就越大，心室颤动的可能性也就越大。此外，通电时间一长，电流的热效应和化学效应将会使人体出汗和组织电解，从而使人体电阻逐渐降低，流过人体的电流逐渐增大，使触电伤害更加严重。

3. 电流频率

人体对不同频率电流的生理敏感性是不同的，因而不同种类的电流对人体的伤害程度也就有区别。工频电流对人体的伤害最为严重(男性平均摆脱电流为10mA);直流电流对人体的伤害则较轻(男性平均摆脱电流为76mA);高频电流对人体的伤害程度远不及工频交流电严重,故医疗临床上有利用高频电流作理疗者,但电压过高的高频电流仍会使人触电致死;冲击电流是作用时间极短(以微秒计)的电流(如雷电放电电流和静电放电电流)。冲击电流对人体的伤害程度与冲击放电能量有关。由于冲击电流作用的时间极短暂,数十毫安才能被人体感知。

4. 电流通过人体的途径

电流取任何途径通过人体都可以致人死亡。电流通过心脏、中枢神经(脑部和脊髓)、呼吸系统是最危险的。因此,从左手到脚是最危险的电流路径,这时心脏、肺部、脊髓等重要器官都处于电路内,很容易引起心室颤动和中枢神经失调而死亡;从右手到脚的途径的危险性要小些,但会因痉挛而摔伤;从右手至左手的危险性又比右手到脚要小些;危险性最小的电流途径是从脚至脚,但触电者可能因痉挛而摔倒,导致电流通过全身或二次事故。

5. 人体的健康状况

试验研究表明,触电危险性与人体状况有关。触电者的性别、年龄、健康状况、精神状态和人体电阻都会对触电后果发生影响。例如一个患有心脏病、结核病、内分泌器官疾病的人,由于自身的抵抗力低下,会使触电后果更为严重。处在精神状态不良、心情忧郁或酒醉中的人,触电的危险性也较大。相反,一个身心健康,经常从事体育锻炼的人,触电的后果相对来说会轻一些。妇女、老年人以及体重较轻的人耐受电流刺激的能力也相对要弱一些,他们触电的后果也比青壮年男子更为严重。人体的电阻主要包括人体内部电阻和皮肤电阻,当人体电阻一定时,作用于人体的电压越高,通过人体的电流就越大。

二、人体触电

人体触电的方式多种多样,一般可分为直接电击和间接电击两种主要触电方式。此外,还有高压电场、高频电磁场、静电感应、雷击等对人体造成的伤害。

(一)直接接触触电

人体直接触及或过分靠近电气设备及线路的带电导体而发生的触电现象称为直接接触触电。单相触电、两相触电、电弧伤害都属于直接接触触电。

1. 单相触电

当人体直接碰触带电设备或线路的一相导体时,电流通过人体而发生的触电现象称之为单相触电。这种触电事故的规律及后果与电网中性点运行方式有关。单相触电事故多发生在夏季,因为夏季人体出汗多,降低了人体电阻,使触电电流增大。

(1)在中性点直接接地的电网中发生单相触电的情况如图 6-2 所示。设人体与大地接触良好,土壤电阻忽略不计,由于人体电阻比中性点工作接地电阻大得多,加于人体的电压几乎等于电网相电压,这时流过人体的电流为

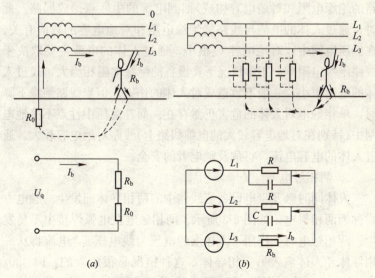

图 6-2 单相触电示意图及等值电路
(a)中性点直接接地电网;(b)中性点不接地电网

$$I_b = \frac{U_\varphi}{R_b + R_0}$$

式中 U_φ——电网相电压(V);

R_0——电网中性点工作接地电阻(Ω);

R_b——人体电阻(Ω);

I_b——流过人体的电流(A)。

对于380/220V三相四线制电网,$U_\varphi = 220V$,$R_0 = 4\Omega$,若取人体电阻 $R_b = 1700\Omega$,则由上述公式可算出流过人体的电流 $I_b = 129mA$,远大于安全电流 30mA,足以危及触电者的生命。

显然,单相触电的后果与人体和大地间的接触状况有关。如果人体站在干燥的绝缘地板上,由于人体与大地间有很大的绝缘电阻,通过人体的电流就很小,则就不会有触电危险,但如地板潮湿,那就有触电危险。

(2) 中性点不接地电网中发生单相触电的情况如图6-2(b)所示。这时电流将从电源火线经人体、其他两相的对地阻抗(由线路的绝缘电阻和对地电容构成)回到电源的中性点形成回路。此时,通过人体的电流与线路的绝缘电阻和对地电容的数值有关。在低压电网中,对地电容 C 很小,通过人体的电流主要取决于线路绝缘电阻 R。正常情况下,设备的绝缘电阻相当大,通过人体的电流很小,一般不致造成对人体的伤害。但当线路绝缘下降时,单相触电对人体的危害仍然存在。而在高压中性点不接地电网中(特别在对地电容较大的电缆线路上)线路对地电容较大,通过人体的电容电流,将危及触电者的安全。

2. 两相触电

人体同时触及带电设备或线路中的两相导体而发生的触电方式称为两相触电,如图6-3所示。两相触电在电弧焊接中不易发生。两相触电时,作用于人体上的电压为线电压6,电流将从一相导体经人体流入另一相导体,这种情况是很危险的。以380/220V 三相四线制为例,这时加于人体的电压为380V,若人体电阻按 1700Ω 考虑,则流过人体内部的电流将达224mA,足以致

人死亡。因此，两相触电要比单相触电严重得多，

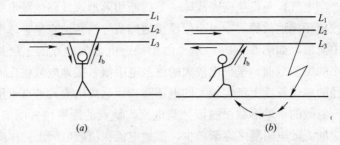

图 6-3　两相触电

3. 电弧伤害

电弧是气体间隙被强电场击穿时电流通过气体的一种现象。之所以将电弧伤害视为直接接触触电，是因为弧隙是被游离的带电气态导体，被电弧"烧"着的人，将同时遭受电击和电伤。在引发电弧的种种情形中，人体过分接近高压带电体所引起的电弧放电以及带负荷拉、合闸刀造成的弧光短路，对人体的危害往往是致命的。电弧不仅使人受电击，而且由于弧焰温度极高（中心温度高达 6000～10000℃），将对人体造成严重烧伤，烧伤部位多见于手部、胳膊、脸部及眼睛。电弧辐射对眼睛的刺伤，后果更为严重。此外，被电弧熔化了的金属颗粒侵蚀皮肤还会使皮肤组织金属化，这种伤疤往往经久不愈。电弧辐射主要产生可见光、红外线、紫外线。红外线是热辐射线，长期受到照射，会使眼睛晶体变化，严重导致白内障，紫外线是造成电光性眼炎的主要原因。

（二）间接接触触电

电气设备在正常运行时，其金属外壳或结构是不带电的。当电气设备绝缘损坏而发生接地短路故障（俗称"碰壳"或"漏电"）时，其金属外壳便带有电压，人体触及意外带电体便会发生触电，此谓间接接触触电。通常所称的接触电压触电即是间接接触触电。

1. 接地故障电流入地点附近地面电位分布

当电气设备发生碰壳故障、导线断裂落地或线路绝缘击穿而导致单相接地故障时,电流便经接地体或导线落地点呈半球形向地中流散,如图 6-4(a)所示。由于接近电流入地点的土层具有最小的流散截面,呈现出较大的流散电阻值,接地电流将在流散途径的单位长度上产生较大的电压降,而远离电流入地点土层处电流流散的半球形截面随该处与电流入地点的距离增大而增大,相应的流散电阻随之逐渐减少,接地电流在流散电阻上的压降也随之逐渐降低。于是,在电流入地点周围的土壤中和地表面各点便具有不同的电位分布,如图 6-4(b)电位分布曲线所示。曲线表明,在电流入地点处电位最高,随着离此点的距离增大,地面电位呈先急后缓的趋势下降,在离电流入地点 10m 处,电位已下降至电流入地点电位的 8%。在离电流入地点 20m 以外的地面,流散半球的截面已经相当大,相应的流散电阻可忽略不计,或者说地中电流不再于此处产生电压降,可以认为该处地面电位为零,电工技术上所谓的"地"就是指此零电位处的地(而非电流入地点周围 20m 之内的地)。通常我们所说的电气设备对地电压也是指带电体对此零电位点的电位差。

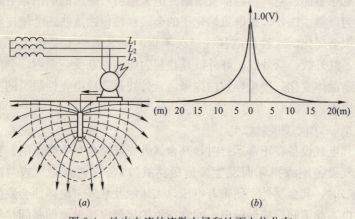

图 6-4 地中电流的流散电场和地面电位分布
(a)电流在地中的流散电场;(b)电流入地点周围的地面电位分布

2. 接触电压及接触电压触电

当电气设备因绝缘损坏而发生接地故障时，如人体的两个部分(通常是手和脚)同时触及漏电设备的外壳和地面，人体该两部分便处于不同的地电位，其间的电位差即称为接触电压。在电气安全技术中是以站立在离漏电设备水平方向 0.8m 的人，手触及漏电设备外壳距地面 1.8m 处时，其手与脚两点间的电位差为接触电压计算值。由于受接触电压作用而导致的触电现象称为接触电压触电。

接触电压的大小，随人体站立点的位置而异。人体距离接地极越远，受到的接触电压越高，如图 6-5(a) 所示。当 2♯电动机碰壳时，离接地极(电流入地点)远的 3♯电动机的接触电压比离接地极近的 1♯电动机的接触电压高，这是因为三台电动机的外壳都等于接地极电位之故。

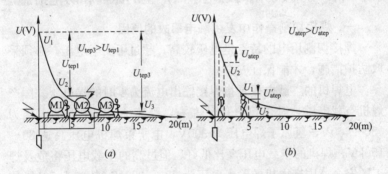

图 6-5 跨步电压触电和接触电压触电示意图
(a)接触电压触电示意图；(b)跨步电压触电示意图

3. 跨步电压及跨步电压触电

电气设备发生接地故障时，在接地电流入地点周围电位分布区(以电流入地点为圆心，半径为 20m 的范围内)行走的人，其两脚将处于不同的电位，两脚之间(一般人的跨步约为 0.8m)的电位差称之为跨步电压。设前脚的电位为 U_1，后脚的电位为 U_2，则跨步电压 $U_{step} = U_1 - U_2$，显然人体距电流入地点越近，其所承受的跨步电压越高,见图 6-5(b)。

人体受到跨步电压作用时,电流将从一只脚经胯部到另一只脚与大地形成回路。触电者的症像是脚发麻、抽盘、跌倒在地。跌倒后,电流可能改变路径(如从头到脚或手)而流经人体重要器官,使人致命。

必须指出,跨步电压触电还可发生在其他一些场合,如架空导线接地故障点附近或导线断落点附近、防雷接地装置附近地面等。

接触电压和跨步电压的大小与接地电流的大小、土壤电阻率、设备接地电阻及人体位置等因素有关。当人穿有靴鞋时,由于地板和靴鞋的绝缘电阻上有电压降,人体受到的接触电压和跨步电压将明显降低,因此,严禁裸臂赤脚去操作电气设备。

第二节　焊接切割时触电事故产生的原因和防范措施

一、焊接切割操作中发生触电事故的原因

焊接切割用电的特点是电压较高,超过了安全电压,必须采取防护措施,才能保证安全。

电焊机的空载电压是指焊接输出电流为零时的端电压。国产焊机空载电压一般在 50～90V 左右,等离子切割电源的电压为 150～400V,氢原子焊电压为 300V,电子束焊机电压高达 30～150kV,焊机的空载电压高比低好,但过高的空载电压将危及焊工的安全。国产电机的输入电压为 220～380V。频率为 50Hz 的工频交流电,这些都大大超过安全电压。

焊接时的触电事故分为两种情况,一是直接电击,即接触电焊设备正常运行的带电体或靠近高压电网和电气设备所发生的触电事故,如接线柱和焊钳口等;二是间接电击,即触及意外带电体所发生的电击。意外带电体是指正常不带电而由于绝缘损坏或电器设备发生故障而带电的导体。

1. 焊接时发生直接电击事故的原因

(1) 手或身体的某部位接触到电焊条或焊钳的带电部分,而

脚或身体的其他部位对地面又无绝缘,特别是在金属容器内、阴雨潮湿的地方或身上大量出汗时,容易发生这种电击事故。

(2) 在接线或调节电焊设备时,手或身体某部位碰到接线柱、极板等带电体而触电。

(3) 在登高焊接时,触及或靠近高压电网路引起的触电事故。

2. 焊接时发生间接触电事故的原因

(1) 电焊设备漏电,人体触及带电的壳体而触电。造成初级电压转移触电的原因有三种,焊机潮湿,绝缘老化损坏;长期超负荷运行或短路发热使绝缘损坏;电焊机安装的地点和方法不符合安全要求。

(2) 电焊变压器的一次绕组与二次绕组之间绝缘损坏,错接变压器接线,将第二次绕组接到电网上去,或将采用220V的变压器接到380V电源上,手或身体某一部分触及二次回路或裸导体。

(3) 触及绝缘损坏的电缆、胶木闸合、破损的开关等。

(4) 由于利用厂房的金属结构、管道、轨道、天车吊钩或其他金属物搭接作为焊接回路而发生触电。

二、防范措施

1. 做好焊接切割作业人员的培训,做到持证上岗,杜绝无证人员进行焊接切割作业。

2. 焊接切割设备要有良好的隔离防护装置。伸出箱体外的接线端应用防护罩盖好;有插销孔接头的设备,插销孔的导体应隐蔽在绝缘板平面内。焊件的接地电阻当小于4Ω时,应将焊机二次线圈端的接地线暂时拆除,焊完后再复原。

3. 焊接切割设备应设有独立的电器控制箱,箱内应装有熔断器、过载保护开关、漏电保护装置和空载自动断电装置,保护接地的电阻不得超过4Ω。保护接零导线应有足够的截面积,其导电容量应为离焊机最近处保险器额定电流的2.5倍,或者大于相应的自动开关跳闸电流的1.2倍。

4. 焊接切割设备外壳、电器控制箱外壳等应设保护接地或保护接零装置。

5. 改变焊接切割设备接头、更换焊件需改变接二次回路时、转移工作地点、更换保险丝以及焊接切割设备发生故障需检修时，必须在切断电源后方可进行。推拉闸刀开关时，必须戴绝缘手套，同时头部需偏斜，动作应迅速。

6. 更换焊条或焊丝时，焊工必须使用焊工手套，要求焊工手套应保持干燥、绝缘可靠。对于空载电压和焊接电压较高的焊接操作和在潮湿环境操作时，焊工应使用绝缘橡胶衬垫确保焊工与焊件绝缘。特别是在夏天炎热天气由于身体出汗后衣服潮湿，不得靠在焊件、工作台上。

7. 在金属容器内或狭小工作场地焊接金属结构时，必须采用专门防护，如采用绝缘橡胶衬垫、穿绝缘鞋、戴绝缘手套，以保障焊工身体与带电体绝缘。

8. 在光线不足的较暗环境工作，必须使用手提工作行灯，一般环境，使用的照明灯电压不超过36V。在潮湿、金属容器等危险环境，照明行灯电压不得超过12V。

9. 焊工在操作时不应穿有铁钉的鞋或布鞋。绝缘手套不得短于300mm，制作材料应为柔软的皮革或帆布。焊条电弧焊工作服为帆布工作服，氩弧焊工作服为毛料或皮工作服。

10. 焊接切割设备的安装、检查和修理必须由持证电工来完成，焊工不得自行检查和修理焊接切割设备。

第三节　触　电　急　救

一、申请急救服务

拨打急救电话120，求助者应等待接电话者完全接收到信息并示意后才可挂断电话。电话内容包括：

1. 现场联络人的姓名、电话；
2. 事故发生的工程名称、工程地点（必要时可说明到达现场的途径）；

3. 事故发生的过程、种类；

4. 事故中伤病者人数；

5. 事故中受伤情况（受伤种类及其严重程度）；

6. 特殊说明（如需要接近被困伤病者或解除伤病者缠压物等）；

7. 要求接听者将内容重复一次，确保信息准确无误。

触电的现场急救是整个触电急救工作的关键。人体受到电流刺激后，电流会对人体产生损害作用，严重时可使心跳、呼吸骤停，人体立即处于"临床死亡"状态，此时，如处理不当，后果会极其严重。因此，必须在现场开展心肺复苏工作，以挽救生命。有人进行统计处理后报道指出，在4分钟内进行复苏初期处理，在8分钟内得到复苏二期处理，其复苏成功率最大为43%，而在8～16分钟内得到二期复苏处理者其复苏成功率仅为10%，要是在8分钟以后才得到复苏初期处理，则其复苏成功率为"0"。因此，一旦发生触电事故，我们必须在4分钟内进行复苏初期处理，在8分钟内进行复苏二期处理。否则，生命极有可能无法挽救了。

复苏初期处理的任务是：迅速识别触电者当前状况，用人工方法维持触电者的血液循环和呼吸。

二、触电事故的现场处理

发生触电事故时现场处理可分为：迅速脱离电源和心肺复苏二大部分。

（一）迅速脱离电源

发生触电事故后，首先要使触电者脱离电源，这是对触电者进行急救最为重要的第一步。使触电者脱离电源一般有以下几种方法：

1. 切断事故发生场所电源开关或拔下电源插头。但是切断单极开关不能作为切断电源的可靠措施，即必须做到彻底断电。

2. 当电源开关离触电事故现场较远时，用绝缘工具切断电源线路，但必须切断电源侧线路。

3. 用绝缘物移去落在触电者身上的带电导线，若触电者衣服是干燥的，救护者可用具有一定绝缘性能的随身物品（如干燥的衣服、围巾）严格包裹手掌，然后去拉拽触电者的衣服，使其脱离电源。电流对人体的作用时间愈长，对生命的威胁愈大。所以，触电急救的关键是首先要使触电者迅速脱离电源。可根据具体情况，选用下述几种方法使触电者脱离电源：

(1) 脱离低压电源的方法

脱离低压电源的方法可用"拉"、"切"、"挑"、"拽"和"垫"五字来概括。

1)"拉"，指就近拉开电源开关、拔出插销或瓷插保险。此时应注意拉线开关和扳把开关是单极的，只能断开一根导线，有时由于安装不符合规程要求，把开关安装在零线上。这时虽然断开了开关，人身触及的导线可能仍然带电，这就不能认为已切断电源。

2)"切"，指用带有绝缘柄的利器切断电源线。当电源开关、插座或瓷插保险距离较远时，可用带有绝缘手柄的电工钳或有干燥木柄的斧头、铁锹等利器将电源线切断。切断时应防止带电导线断落触及周围的人体。多芯绞合线应分相切断，以防短路伤人。

3)"挑"，如果导线搭落在触电者身上或身下，这时可用干燥的木棒、竹竿等挑开导线或用干燥的绝缘绳套拉导线或触电者，使之脱离电源。

4)"拽"，救护人可戴上手套或在手上包缠干燥的衣服、围巾、帽子等绝缘物品拖拽触电者，使之脱离电源。如果触电者的衣裤是干燥的，又没有紧缠在身上，救护人可直接用一只手抓住触电者不贴身的衣裤，将触电者拉脱电源。但要注意拖拽时切勿触及触电者的体肤。救护人亦可站在干燥的木板、木桌椅或橡胶垫等绝缘物品上，用一只手把触电者拉脱电源。

5)"垫"，如果触电者由于痉挛手指紧握导线或导线缠绕在身上，救护人可先用干燥的木板塞进触电者身下使其与地绝缘来隔断电源，然后再采取其他办法把电源切断。

上述方法仅适用于 220V/380V 低压线路触电者。

(2) 脱离高压电源的方法

由于电压等级高，一般绝缘物品不能保证救护人的安全，而且高压电源开关距离现场较远，不便拉闸。因此，使触电者脱离高压电源的方法与脱离低压电源的方法有所不同，通常的做法是：

1) 立即电话通知有关供电部门拉闸停电。

2) 如电源开关离触电现场不甚远，则可戴上绝缘手套，穿上绝缘鞋(靴)，拉开高压断路器，或用绝缘棒拉开高压跌落保险以切断电源。

3) 如果触电者触及断落在地上的带电高压导线，且尚未确认线路无电之前，救护人不可进入断线落地点 8~10m 的范围内，以防止跨步电压触电。进入该范围的救护人员应穿上绝缘鞋(靴)或临时双脚并拢跳跃地接近触电者。触电者脱离带电导线后应迅速将其带至 8~10m 以外立即开始触电急救。只有在确实证明线路已经无电，才可在触电者离开触电导线后就地急救。

(二) 在使触电者脱离电源时应注意的事项

1. 救护人不得采用金属和其他潮湿的物品作为救护工具。

2. 未采取绝缘措施前，救护人不得直接触及触电者的皮肤和潮湿的衣服。

3. 在拉拽触电者脱离电源的过程中，救护人宜用单手操作，这样对救护人比较安全。

4. 当触电者位于高位时，应采取措施预防触电者在脱离电源后坠地摔伤。

5. 夜间发生触电事故时，应考虑切断电源后的临时照明问题，以利救护。

三、判断神志及气道开放

触电后心跳、呼吸均会停止，触电者会丧失意识、神志不清。此时，肌肉处于松弛状态，引起舌后坠，导致气道阻塞，故必须立即开放气道。

1. 判断触电者有否意识存在

(1) 抢救人员可轻轻摇动触电者或轻拍触电者肩部,并大声呼其姓名。也可大声问"你怎么啦?"但摇动幅度不能过大,避免造成外伤。

(2) 如无反应,可用强刺激方法来观察。

整个判断时间应控制在5~10秒钟内,以免耽误抢救时间。

2. 呼救

一旦确定触电者丧失意识,即表示情况严重,大都情况是心跳、呼吸已停止。为能持久、正确有效地进行心肺复苏术,必须立即呼救,招呼周围人员前来协助抢救。同时应向当地急救医疗部门求援(拨打"120"急救电话)。

3. 保持复苏体位

对触电者进行心肺复苏术时。触电者必须处于仰卧位,即头、颈、躯干平直无扭曲,双手放于躯干两侧、仰卧于硬地上。发生事故时,不管触电者处于何种姿势,均必须转为上述的标准体位(此体位又称"复苏体位"),如需改变体位,在翻转触电者时必须平稳,使其全身各部位成一整体转动(头、颈、躯干、臀部同时转动)。特别要保护颈部。可以一手托住颈部,另一手扶着肩部,使触电者平稳转至仰卧位。

触电者处于复苏体位后,应立即将其紧身上衣和裤带放松。

如在判断意识过程中发现触电者有心跳和呼吸,但处于昏迷状态,此时其气道极易被吸入的黏液,呕吐物和舌根所堵塞,故需立即将其处于侧卧的"昏迷体位"。此体位既可避免上述气道堵塞的危险,也有利黏液之类的分泌物从口腔中流出。此体位也称"恢复体位"。

4. 开放气道

触电后,心脏常停止跳动,触电者意识丧失,下颌、颈和舌等肌肉松弛,导致舌根及会厌塌向咽后壁而阻塞气道。当吸气时,气道内呈现负压,舌和会厌起到单向活瓣的作用,加重气道阻塞，导致缺氧，故必须立即开放气道，维持正常通气。

舌肌附着于下颌骨，能使肌肉紧张的动作如头部后仰、下颌骨向前上方提高，舌根部即可离开咽后壁，气道便通畅，若肌肉无张力。头部后仰亦无法畅通气道，需同时使下颌骨上提才能开放气道。心搏停止15秒钟后，肌张力便可消失，此时需头部后仰同时上提下颌骨方可将气道打开，见图6-6。

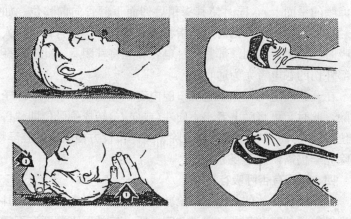

图6-6 开放气道

常用开放气道的方法有以下几种：

（1）仰头抬颏法：仰头抬颏法是一种比较简单安全的方法，能有效地开放气道，抢救者位于触电者一侧身旁，将一手手掌放于前额用力下压，使头部后仰。另一手的中指、食指并列并在一起用两手指的指尖放在靠近颏部的下颌骨下方，将颏部向前抬起，使头更后仰。大拇指，食指和中指可帮助口唇的开启与关闭。指尖用力时，不能压迫颏下软组织深处，否则会因气管受压而阻塞气道。一般做人工呼吸时，嘴唇不必完全闭合，但在进行口对鼻人工呼吸时，放在颏部的两手指可加大力量，待嘴唇紧闭，以利气体能完全进入肺内。

此法比仰头抬项法更能有效地开放气道，长时间操作不易疲劳。

(2) 仰头抬项法：抢救者位于触电者一侧的肩膀，一手的掌根放于触电者项部往上托，用另一手的掌部放于其前额部并往下压，使其头部后仰，开放气道。此法简单，但颈部有外伤时不能采用。

(3) 双手提颌法：抢救者位于触电者头顶部的正前方，一边一手握住触电者的下颌角并向上提升（抢救者双肘应支撑于触电者仰躺的平面上），同时使其头稍后仰而下额骨向前移位。如此时触电者嘴唇紧闭，则需用拇指将其下唇打开。进行口对口人工呼吸时，抢救者需用颊部紧贴触电者鼻孔将其闭塞，此法对疑有颈部外伤的触电者尤为适宜。

在开放气道时，如触电者口腔内有呕吐物或异物应立即予以清除，此时，可将触电者小心向左（或向右）转成侧卧位即"昏迷体位"。用手将异物或呕吐物清除、此体位仅方便清除口腔异物，清除完毕仍需恢复至复苏体位。

四、判断有否呼吸存在

在呼吸道开放的条件下，抢救者脸部侧向触电者胸部，耳朵贴近触电者的嘴和鼻孔，通过"视、听、感觉"来判断有否呼吸存在，即耳朵听触电者呼吸时，有否气体流动的声音，脸部感觉有否气体流动的吹拂感，看触电者的胸部或腹部有否随呼吸同步的"呼吸运动"。整个检查时间不得大于5秒钟。

如在开放气道后，发现触电者有自主呼吸存在，则应持续保持气道开放畅通状态。

在判断无呼吸存在时，则立即进行人工呼吸。抢救者可用放在前额手的拇指和食指轻轻捏住触电者的鼻孔，深吸一口气，用口唇包住触电者的嘴，形成一个密封的气道。然后将气体吹入触电者口腔，经气道入肺。如此时可明显观察到"呼吸动作"则可进行第二次吹气，二次吹气的时间应控制在2～3秒钟内完成。

如果吹气时，肠腔未随着吹气而抬起，也未听到或感到触电者肺部被动排气，则必须立即重复开放气道动作。必要时要采用"双手提颌法"。如果还不行，则可以确定触电者气道内异物阻塞所致,需立即设法解除。需指出的是,触电者由于气道未开放,不能进行通气,此后进行的心脏按压也将完全无效。

五、判断有否心跳存在

心脏在人体中起到血泵的作用,使血液不休止地在血管中循环流动,并使动脉血管产生搏动。所以我们只要检测动脉血管有否搏动,便可知有否心跳存在。颈动脉是中心动脉,在周围动脉搏动不明显时,仍能触及颈动脉的搏动,加上其位置表浅易触摸,所以常作为有无心跳的依据。判断脉搏的步骤如下:

1. 在气道开放的情况下,作二次口对口人工呼吸(连续吹气2次)后进行。

2. 一手置于触电者前额,使头保持后仰状态,另一手在靠近抢救者一侧进行触摸颈动脉,感觉颈动脉有否搏动。

3. 触摸时可用食、中指指尖先触摸到位于正中的气管,然后慢慢滑向颈外侧,约移动2~3cm,在气管旁的软组织处触摸颈动脉。

4. 触摸时不能用力过大,以免颈动脉受压后影响头部的血液供应。

5. 电击后,有时心跳可不规则、微弱和较慢。因此在测试时需细心,通常需持续5~10秒,以免对尚有脉搏的触电者进行体外按压,导致不应有的并发症。

6. 一旦发现颈动脉搏动消失,需立即进行体外心脏按压。图6-7为检测颈动脉有否搏动。

当心跳、呼吸停止后,脑细胞马上就会缺氧,此时瞳孔可明显扩大,如果我们发现触电者瞳孔明显扩大。说明情况严重,应立即进行心肺复苏术。

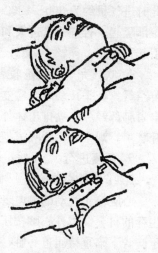

图6-7 检测颈动脉

六、现场急救操作

现场救护就是在现场用人工的方法来维持人体内的血液循环和肺内的气体交换,通常是采用人工呼吸法和体外心脏按压法来达到复苏目的。

(一)口对口人工呼吸法

人工呼吸的目的是用人工的方法来替代肺脏的自主呼吸活动,使空气有节律地进入和排出肺脏,以供给体内足够的氧气,充分排出二氧化碳,维持正常的气体交换。口对口人工呼吸法是最简单有效的现场人工呼吸法。

其操作方法如下:

1. 触电者保持仰卧位,解开衣领,松开紧身衣着,放松裤带,避免影响呼吸时胸廓的自然扩张及腹壁的上下运动。

2. 保持开放气道状态,使呼吸道通畅。用按在触电者前额手上的大拇指和食指捏紧鼻翼使其紧闭,以防气体从鼻孔逸出。

3. 抢救者作一深吸气后,用双唇包绕封住触电者嘴外部,形成不透气的密闭状态,然后全力吹气,持续约1~1.5秒钟。此时进气量约为800~1200ml。进气适当的体征是:看到胸部或腹部隆起。若进气量过大和吹入气流过速反而可使气体进入胃内引起胃膨胀。

4. 吹气完毕后,抢救者头稍作侧转,再作深吸气,吸入新鲜空气。在头转动时,应立即放松捏紧鼻翼的手指,让气体从触电者肺部经鼻、嘴排出体外。此时,应注意腹部复原情况,倾听呼气声,观察有无呼吸道梗阻。

5. 反复进行3、4两步骤,频度掌握在每分钟12~16次。

(二)体外心脏按压

心脏停止跳动的触电者必须立即进行体外心脏按压,以争取生存的机会。体外心脏按压是连续有节律地按压胸骨下半部,由于胸骨下陷直接压迫心脏,使血液搏出,提供心、肺、脑和其他重要器官的血液供应。

1. 体外心脏按压操作步骤如下：

（1）触电者必须仰卧于硬板上或地上。因为按压时用力较大，另外即使最好的操作到达脑组织的血流也大为减少。如果头部比心脏位置稍高，都可导致脑部血流量明显减少。

（2）抢救者位于触电者一侧的肩部，按压手掌的掌根应放置于按压的正确位置。

（3）抢救者两手掌相叠，两手手指抬起，使手指脱离胸壁，两肘关节伸直，双肩位于双手的正上方，然后依靠上半身的体重和臂部、肩部肌肉的力量，垂直于触电者脊柱方向按压，图 6-8 为按压的标准姿势。

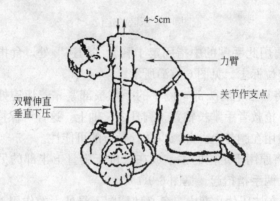

图 6-8　体外心脏按压

（4）对正常身材的成人，按压时，胸骨应下陷 4～5cm 左右。充分压迫心脏，使心脏血液搏出。

（5）停止按压，使胸部恢复正常形态，心脏内形成负压，让血液回流到心脏。停止用力时，双手不能离开胸壁，以保持下一次按压时的正确位置。

（6）每分钟需按压 80～100 次。

2. 体外按压时应注意以下几点：

（1）"压区"位置确定需正确，否则易使肋骨骨折。其定位方法如下：

1)抢救者用离触电者腿部最近手的中指及食指合并后;设触电者一侧的肋弓下缘移至肋骨与胸骨接合处之"切迹",见图6-9。

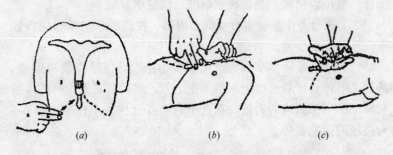

图6-9 压区的定位

2)再用此手掌的中指固定于胸骨"切迹"处,食指紧靠中指作为定位标志。见图6-9(b)所示。

3)将靠触电者头部一侧手的手掌根部紧靠着切迹处中指旁的食指,抢救者手掌长轴置于胸骨之长轴上。这样可保持按压的主要力量用在胸骨上,并减少肋骨骨折的可能性。

4)将原用于定位的手掌放在已位于胸骨下半部的另一手的手背上,两手指抬起。见图6-9(c)。

(2)在按压休止期内,务必使胸廓不受外力的作用,使其能恢复原状,以利血液回流。

(3)按压时,掌根必须位于"压区"内,用力须有节奏感。按压时间与放松时间大致应相等。

(三)单人操作复苏术

当触电者心跳、呼吸均停时,现场仅有一抢救者,此时需同时进行口对口人工呼吸和体外心脏按压。其操作步骤如下:

1. 开放气道后,连续吹气二次。

2. 立即进行体外心脏按压15次(频率为80~100次/分)。

3. 以后,每作15次心脏按压后,就连续吹气2次,反复交替进行。同时每隔5分钟应检查一次心肺复苏效果,每次检查时心肺复苏术不得中断5秒钟以上,单人心肺复苏术易学、易记、能有效地维持血液循环和气体交换,因此现场作业人员均应学会单人心肺复苏术。图6-10为单人心肺复苏术。

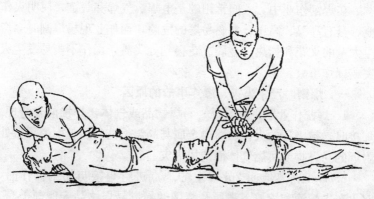

图6-10 单人心肺复苏术

现场抢救往往时间很长且不能中断。在经过长时间的抢救后,触电者的面色好转、口唇潮红、瞳孔缩小、四肢出现活动,心跳和呼吸逐渐恢复正常时,可暂停数秒钟进行观察。如果心跳、呼吸不能维持,必须继续抢救。终止心肺复苏工作是一项医学决定,只能由有关医务人员对触电者的脑功能和心血管状态作出正确诊断后,才能决定。其他任何人不能随便作出停止心肺复苏工作的决定,因此抢救者一定要坚持到医务人员到现场接替抢救工作为止。

(四)局部外伤处理

人体遭受电击后,在电流进入、流出处常可见到电灼伤的伤口。特别是高压(1000V以上)电击时,电极间电弧的温度可达1000~4000℃,可造成接触处广泛严重的电烧伤,且常伤及骨骼,故处理较复杂。现场抢救时,应用消毒的纱布或急救包将伤口包扎好,在紧急时甚至可用干净的布或纸类物品进行包扎,但应注意尽量减少污染,以利以后的治疗。

其他外伤和骨折等,可参照外伤急救的情况作相应处理。

第四节　电弧焊时发生火灾及爆炸事故的原因和防范措施

在焊割作业中，人们常用的是电焊、气焊和气割，属明火作业，具有高温、高压、易燃易爆的危险，而作业现场焊割时会产生大量的火花和灼热的金属火花会到处飞溅，操作不当易发生火灾或爆炸事故。

一、焊割时产生火灾、爆炸事故的原因

1. 焊割作业附近有易燃、易爆物品或气体，焊接前未清理。焊接时，被飞溅的火花、熔融金属与高温熔渣的颗粒引燃焊接处附近的易燃物或可燃气体而造成火灾。

2. 焊工在离地面 2m 以上的地点进行焊接与切割操作时，对火花、熔滴和熔渣飞溅所及范围的易燃易爆物品未清理干净，特别在风大时，尤为严重。

3. 操作过程中乱扔焊条头，作业后未认真检查是否留有火种。

4. 焊接电缆线或电弧焊机本身的绝缘破坏而发生短路后引起火灾。

5. 焊接未清洗过的油罐、油桶、带有气压的锅炉储气筒及带压附件，会造成火灾、爆炸事故。

二、焊割时防止火灾、爆炸事故的安全措施

1. 焊接处 10m 以内不得有可燃、易燃物，工作地点通道宽度应大于 1m。

2. 现场作业时，应注意作业环境的地沟、下水道内有无可燃液体和可燃气体，以及是否有可能泄漏到地沟和下水道内可燃易爆物质，以免由于飞溅的火花、熔滴及熔渣引起火灾、爆炸事故。

3. 焊工在离地面 2m 以上的地点进行焊接与切割操作时，禁止乱扔焊条头，对作业下方应进行隔离。作业完毕时应认真细致地检查，确认无火灾隐患后方可离开现场。

4. 严禁焊接带压的管道、容器及设备。

5. 焊接作业处应把乙炔瓶和氧气瓶安置在10m以外。

6. 储放易燃易爆物的容器未经清洗严禁焊接。

7. 焊接管道、容器时，必须把孔盖、阀门打开。

8. 焊接设备等（电源线、焊接电缆线、焊钳）绝缘应保持完好。一般橡胶绝缘线最高允许温度为60℃。

9. 严禁将易燃易爆管道作焊接回路使用。

10. 使用二氧化碳气瓶及氩气等气瓶时，应遵守劳动部颁发的《气瓶安全监察规程》。

11. 在油线室、喷油室、油库、中心乙炔站、氧气站内严禁电弧焊工作。

12. 化工设备的保温层，有的是采用沥青胶合木、玻璃纤维、泡沫塑料等易燃物品。焊接前应将距操作处1.5m范围内的保温层拆除干净，并用遮挡板隔离以防飞溅火花落到易燃保温层上。

13. 电弧焊工作结束后要立即拉闸断电，并认真检查，特别是对有易燃易爆物或填有可燃物隔热层的场所，一定要彻底检查，将火星熄灭。并待焊件冷却并确认没有焦味和烟气后，方可离开工作场所。因着火并不都是在焊接后立即发生的，有可能要经过一段时间才燃烧，切不可大意。

14. 作业场所应备有足够的消防器材。

三、火灾、爆炸事故的紧急处理方法

1. 应判明火灾、爆炸的部位及引起火灾和爆炸的物质特性，迅速拨打火警电话119报火警。

2. 在消防队员未到达之前，现场人员应根据起火或爆炸物质的特点，采取有效的方法控制事故的蔓延，如切断电源、撤离事故现场的氧气瓶、乙炔瓶等受热易爆设备、物质，正确使用灭火器材。

3. 在事故紧急处理时，必须由专人负责，统一指挥，防止造成混乱。

4. 灭火时应采取防中毒、倒塌、坠落伤人等措施。

5. 为了便于查明起火原因，灭火过程中要尽可能地注意观察起火部位、蔓延方向等，灭火后应保护好现场。

6. 发生火灾或爆炸事故，必须向当地公安消防部门报警，根据"三不放过"的要求，认真查清事故原因，严肃处理事故责任者。

第七章 焊(割)现场安全作业及相关防火技术

第一节 焊割现场安全作业的基本知识

一、焊割作业前的准备工作

1. 弄清情况,保持联系

焊割现场,焊工在动火前必须弄清楚设备的结构及设备内储存物品的性能,明确检修要求和安全注意事项,对于需要动火的部位(凡利用电弧和火焰进行焊接或切割作业的,均为动火),除了在动火证上详细说明外,还应同有关人员在现场交代清楚,防止弄错。特别是在复杂的管道结构上或在边生产边检修的情况下,更应注意。在参加大修之前,还要细心听取现场指挥人员的情况介绍,随时保持联系,了解现场变化情况和其他工种相互协作等事项。

2. 观察环境,加强防范

明确任务后,要进一步观察环境,估计可能出现的不安全因素,加强防范,如果需动火的设备处于禁火区内,必须按禁火区的动火管理规定申请动火证。操作人员按动火证上规定的部位、时间动火,不准许超越规定的范围和时间,发现问题应停止操作,研究处理。

二、焊割作业前的检查和安全措施

1. 检查污染物

凡被化学物质或油脂污染的设备须清洗后动用明火,如果是易燃易爆或者有毒的污染物,更应彻底清洗,焊割作业中的防火防爆措施主要是控制可燃物,应经有关部门检查,并填写动火证后,才可动火。

一般在动火前采用一嗅、二看、三测爆的检查方法。

一嗅，就是嗅气味。危险物品大部分有气味，这要求对实际工作经验加以总结。遇到有气味的物品，应重新清洗。

二看，就是查看清洁程度如何，特别是塑料，如四氟乙烯等，这类物品必须清除干净，因为塑料不但易燃，而且遇高温会裂解产生剧毒气体。

三测爆，就是在容器内部抽取试样用测爆仪测定爆炸极限，大型容器的抽样应从上、中、下容易积聚的部位进行，确认没有危险，方可动火作业。

应该指出："一嗅、二看、三测爆"，是常用的检查方法，虽然不是最完善的检查方法，但比起盲目动火，安全性更好些。

2. 严防三种类型的爆炸

（1）严禁带压设备动用明火，带压设备动火前一定要先解除压力（卸压），并且焊割前必须敞开所有孔盖，未卸压的设备严禁动火，常压而密闭的设备也不许动火。

（2）设备零件内部被污染了，从外面不易检查到爆炸物，虽然数量不多，但遇到焊割火焰而发生爆炸的威力却不小，因此必须清洗无把握的设备，未清洗前不应随便动火。

（3）混合气体或粉尘的爆炸，即动火时遇到了易燃气体（如乙炔、燃气等）与空气的混合物，或遇到可燃粉尘（如铝尘、锌尘）和空气的混合物，在爆炸极限之间，也会发生爆炸。

上述三种类型爆炸的发生均在瞬息间，且有很大的破坏力。

3. 一般动火的安全措施

（1）拆迁：在易燃易爆物质的场所，应尽量将工件拆下来搬移到安全地带动火较妥。

（2）隔离：就是把需要动火的设备和其他易燃易爆的物质及设备隔离开。

（3）置换：就是把惰性气体（氮气（N_2）二氧化碳 CO_2）或水注入有可燃气体的设备和管道中，把里面的可燃气体置换出来。所谓"扫阀"，也就是以惰性气体驱除管道中的可燃气体的一种安全措施。

(4) 清洗：用热水、蒸汽或酸液、碱液及溶剂清洗设备的污染物。对于无法溶解或溶化的污染物，另采取措施清除。

(5) 移去危险品，将可以引火的物质移到安全处。

(6) 敞开设备、卸压通风，开启全部人孔阀门。

(7) 加强通风：在有易燃易爆气体或有毒气体的室内焊接，应加强室内通风，在焊割时可能放出有毒有害气体和烟尘，要采取局部排气。焊接作业局部通风可分为送风和排气二种，通风技术措施是改善劳动条件，能消除焊接烟尘。

(8) 准备灭火器材：按要求选取灭火器，并应了解灭火器的使用性能。

(9) 为防止意外事故发生，焊工应做到焊割"十不烧"。有下列情况之一的，焊工有权拒绝焊割，各级领导都应支持，不违章作业。

1) 无焊工操作证，又没有正式焊工在场指导，不能焊割。

2) 凡属一、二、三级动火范围的作业，未经审批，不得擅自焊割。

3) 不了解作业现场及周围的情况，不能盲目焊割。

4) 不了解焊、割内部是否安全，不能盲目焊割。

5) 盛装过易燃易爆、有毒物质的各种容器，未经彻底清洗，不能焊割。

6) 用可燃材料做保温层的部位及设备，未采取可靠的安全措施，不能焊割。

7) 有压力或密封的容器、管道不能焊割。

8) 附近堆有易燃易爆物品，在未彻底清理或采取有效的安全措施前，不能焊割。

9) 作业部位与外部位相接触，在未弄清对外部位有否影响，或明知危险而未采取有效的安全措施，不能焊割。

10) 作业场所附近有与明火相抵触的工种，不能焊割。

三、焊割时的安全作业

(一) 登高焊割作业安全措施

焊工在离地面2m以上的地点进行焊接与切割操作时，即称为登高焊割作业。

登高焊割作山必须采取安全措施防止发生高处坠落、火灾、电击伤和物体打击等工伤事故。

登高焊割作业的安全措施主要有：

1. 在登高接近高压线或裸导线排，或距离低压线小于2.5m时，必须停电并经检查确认无触电危险后，方准操作。电源切断后，应在电闸上挂"有人工作，严禁合闸"的警告牌。高空焊割近旁应设有监护人，遇有危险征象时立即拉闸，并进行抢救。在登高作业时不得使用带有高频振荡器的焊机，以防万一触电，失足摔落。

2. 凡登高进行焊割操作和进入登高作业区域，必须戴好安全帽，使用标准的防火安全带，使用前应仔细检查，并将安全带紧固牢靠。安全绳长度不可超过2m，不得使用耐热性差的材料（如尼龙等材料）。登高应穿胶底鞋。

3. 登高作业时，应使用符合安全要求的梯子。梯脚需包橡皮防滑，与地面夹角不应大于60°，上下端均应放置牢靠。使用人字梯时应将单梯用限跨铁勾挂住，使其夹角约40°±5°为宜。不准两人在一个梯子上（或人字梯的同一侧）同时作业，不得在梯子顶挡工作。登高作业的脚手板应事先经过检查，不得使用有腐蚀或机械损伤的木板或铁木混合板。脚手板单人道宽度不得小于0.6m，双人道宽度不得小于1.2m，上下坡度不得大于1∶3，板面要钉防滑条和装扶手。

4. 登高作业时的焊条、工具和小零件等必须装在牢固无洞的工具袋内，工作过程中和工作结束后，应随时将作业点周围的一切物件清理干净，防止坠落伤人。焊条头不得随意往下扔，否则不仅砸伤、烫伤地面人员，甚至会造成火灾事故。

5. 登高焊割作业时，为防止火花或飞溅引起燃烧和爆炸事故，应把动火点下部的易燃易爆物移至安全地点。对确实无法移动的可燃物品要采取可靠的防护措施，例如用石棉板覆盖遮严，在允许的情况下，喷水淋湿以增强耐火性能。高处焊割作业火星飞得远，散落面大，应注意风力风向，对下风方向的安全距离应根据实际情况增大，以确保安全。焊割结束后必须仔细检查是否留下火种，确认安全后才能离开现场。例如某化工厂一座新建车间，房顶在进行电弧焊，地面上在铺沥青，并堆有油毡等，电弧焊火星落下引燃油毡，造成火灾，烧毁了整个车间建筑物。

6. 登高焊割时，焊工应将焊钳及焊接电缆线或切割用的割炬及橡皮管等扎紧在固定地方，严禁缠绕在身上或搭在背上操作。

7. 氧气瓶、乙炔瓶、电弧焊机等焊接设备器具应尽量留在地面。

8. 登高人员必须经过健康检查合格。患有高血压、心脏病、精神病、癫痫病等疾病及酒后人员，一律不准登高作业。

9. 六级以上的大风、雨天、下雪和雾天等禁止登高焊割作业。

10. 其他事项参看电弧焊、气焊与气割的安全操作技术。

（二）进入设备内部动火的安全措施

1. 进入设备内部前，先要弄清设备内部的情况。

2. 对该设备和外界联系的部位，要进行隔离和切断，如电源和附带在设备上的水管、料管、蒸汽管、压力管等均要切断并挂告示牌。如有污染物的设备应按前述要求进行清洗后才能进入内部焊割。

3. 进入容器内部焊割要实行监护制。派专人进行监护。监护人不能随便离开现场，并与容器内部的人员经常取得联系。

4. 设备内部要通风良好，这不仅要驱除内部的有害气体，而且要向内部送入新鲜空气。但是，严禁使用氧气作为通风气源。在未进行良好的通风之前禁止人员进入。

5. 氧乙炔焊割炬要随人进出，不得任意放在容器内。

6. 在内部作业时，做好绝缘防护工作，防止触电等事故。

7. 做好个人防护，减少烟尘对人体的侵害，目前多采用静电口罩，粉尘与有害气体进入人体，最主要的途径是呼吸道，铅蒸气会导致血和神经中毒等。

四、焊割作业后的安全检查

1. 仔细检查漏焊、假焊，并立即补焊。

2. 对加热的结构部分，必须待完全冷却后，才能进料或进气。因为焊后炽热处遇到易燃物质也能引起燃烧或爆炸。若炽热部分因快冷使金属强度降低，可能使设备受压能力减低而引起爆炸。

3. 检查火种。对作业区周围及邻近房屋进行检查，凡是经过加热、烘烤，发生烟雾或蒸气处，应彻底检查确保安全。

4. 最后彻底清理现场，在确认安全、可靠情况下才能离开现场。

第二节　禁火区的动火管理

（一）为防止火灾、爆炸事故的发生，确保人民生命财产的安全，各企业单位应根据本企业的具体情况，制定有关动火管理制度。

（二）企业各级领导应在各自职责范围内，严格贯彻执行动火管理制度。

（三）企业安全消防部门应认真督促检查动火管理制度的执行。

（四）企业必须根据生产特性、原料、产品危险程度及仓库车间布局，划定禁火区域（如易燃易爆生产车间、工段、仓库、管道等）。在禁火区内需要动火，必须办理动火申请手续，采取有效防范措施，经过审核批准，才能动火。

（五）企业在禁火区域内动火，一般实行三级审批制。

1. 在危险性不大的场所、部门动火，由申请动火车间、部门领导批准，在消防部门登记，即可动火。

2. 在危险性较大、重点要害部门动火，由申请动火车间或部门领导批准，有关技术人员介绍情况，消防、安全部门现场审核同意后，进行动火。

3. 特别危险区域、重点要害部门和影响较大的场所动火，由需要动火的车间或部门领导提出申请，采取有效防范措施，并由安全、消防保卫部门审核提出意见，经企业领导批准后，才能动火。

（六）申请动火的车间或部门在申请动火前，必须负责组织和落实对要动火的设备、管线、场地、仓库及周围环境，采取必要的安全措施，才能提出申请。

（七）动火前必须详细核对动火批准范围，在动火时动火执行人必须严格遵守安全操作规程，检查动火工具，确保其符合安全要求，未经申请动火，没有动火证，超越动火范围或超过规定的动火时间，动火执行人应拒绝动火。动火时发现情况变化或不符合安全要求，有权暂停动火，及时报告领导研究处理。

（八）企业领导批准的动火，要由安全、消防部门派现场监护人；车间或部门领导批准的动火（包括经安全消防部门审核同意的），由车间或部门指派现场监护人。监护人员在动火期间不得离开动火现场。监护人应由责任心强、熟悉安全生产的人担任，动火完毕后，应及时清理现场。

（九）一般检修动火，动火时间一次都不得超过一天，特殊情况可适当延长，隔日动火的，申请部门一定要复查，较长时间的动火（如基建、大修等），施工主管部门应办理动火计划书（确定动火范围、时间及措施）按有关规定，分级审批。

（十）动火安全措施，应由申请动火的车间或部门负责完成，如需施工部门解决，施工部门有责任配合。

（十一）动火地点如对邻近车间、其他部门有影响的应由申请动火车间或部门负责人与这些车间或部门联系，做好相应的配合工作，确保安全。关系大的应在动火证上会签意见。

第三节　一般灭火措施及焊割作业中常用的灭火器材及使用方法

一、灭火的基本方法

燃烧具有三个特征，即化学反应、放热和发光。物质受热升温而无须明火作用就能自行着火的现象称为自燃。物质的自燃点越低,发生火灾的危险性越大,根据物质燃烧原理,燃烧必须同时具备可燃物、助燃物和着火源(凡是能够引起可燃物燃烧的一切热能都叫着火源。有明火作用持续而稳定的燃烧称着火,)三个条件,缺一不可,而一切灭火措施都是为了破坏已经产生的燃烧条件,或使燃烧反应中的游离基消失而终止燃烧。闪点是指易燃(可燃)液体表面产生闪燃的最低温度,闪点可以作为评定液体火灾危险性的主要依据。

灭火的基本方法有4种,即减少空气中的含氧量——窒息灭火法;降低燃烧物的温度——冷却灭火法;隔离与火源相近的可燃物——隔离灭火法;消除燃烧中的游离基——抑制灭火法。

(一) 冷却灭火法

冷却灭火法,就是将灭火剂直接喷洒在燃烧着的物体上,将可燃物的温度降低到燃点以下,从而使燃烧终止。这是扑救火灾最常用的方法。冷却的方法主要是采取喷水或喷射二氧化碳等其他灭火剂,将燃烧物的温度降到燃点以下,灭火剂在灭火过程中不参与燃烧过程中的化学反应,属于物理灭火法,一切可燃物着火后不易扑灭的环境是在富氧状态环境下。

在火场上,除用冷却法直接扑灭火灾外,在必要的情况下,可用水冷却尚未燃烧的物质,防止达到燃点而起火。还可用水冷却建筑构件、生产装置或容器设备等,以防止它们受热结构变形,扩大灾害损失。

(二) 隔离灭火法

隔离灭火法,就是将燃烧物体与附近的可燃物质隔离或疏散开,使燃烧停止。这种方法适用扑救各种固体、液体和气体火灾。不完全燃烧的产物能使人灼伤或造成新的火源,甚至能与空气形成混合爆炸物。

采取隔离灭火法的具体措施有;将火源附近的可燃、易燃、易爆和助燃物质,从燃烧区内转移到安全地点;关闭阀门,阻止气体、液体流入燃烧区;排除生产装置、设备容器内的可燃气体或液体；设法阻拦流散的易燃、可燃液体或扩散的可燃气体；拆除与火源相毗连的易燃建筑结构，造成防止火势蔓延的空间地带；以及用水流封闭或用爆炸等方法扑救油气井喷火灾；采用泥土、黄沙筑堤等方法，阻止流淌的可燃液体流向燃烧点。

(三) 窒息灭火法

窒息灭火法，就是阻止空气流入燃烧区，或用不燃物质冲淡空气，使燃烧物质断绝氧气的助燃而熄灭。这种灭火方法适用扑救一些封闭式的空间和生产设备装置的火灾。

在火场上运用窒息的方法扑灭火灾时，可采用石棉布、浸湿的棉被、湿帆布等不燃或难燃材料，覆盖燃烧物或封闭孔洞；用水蒸气、惰性气体(如二氧化碳、氮气等)充入燃烧区域内；利用建筑物上原有的门、窗以及生产设备上的部件，封闭燃烧区，阻止新鲜空气进入。此外在无法采取其他扑救方法而条件又允许的情况下，可采用水或泡沫淹没(灌注)的方法进行扑救。

采取窒息灭火的方法扑救火灾，必须注意以下几个问题。

1. 燃烧的部位较小，容易堵塞封闭，在燃烧区域内没有氧化剂时，才能采用这种方法。

2. 采用用水淹没(灌注)方法灭火时，必须考虑到火场物质被水浸泡后能否产生不良后果。

3. 采取窒息方法灭火后，必须在确认火已熄灭时，方可打开孔洞进行检查，严防因过早地打开封闭的房间或生产装置的设备孔洞等，而使新鲜空气流入，造成复燃或爆炸。

4. 采取惰性气体灭火时，一定要将大量的惰性气体充入燃烧区，以迅速降低空气中氧的含量，窒息灭火。

(四) 抑制灭火法

抑制灭火法，是特种化学灭火剂喷入燃烧区使之参与燃烧的化学反应，从而使燃烧反应停止。采用这种方法可使用的灭火剂有干粉和卤代烷灭火剂及替代产品。灭火时，一定要将足够数量的灭火剂准确地喷在燃烧区内，使灭火剂参与和阻断燃烧反应，否则将起不到抑制燃烧反应的作用，达不到灭火的目的。同时还要采取必要的冷却降温措施，以防止复燃。

采用哪种灭火方法实施灭火，应根据燃烧物质的性质、燃烧特点和火场的具体情况，以及消防技术装备的性能进行选择。有些火灾，往往需要同时使用几种灭火方法。这就要注意掌握灭火时机，搞好协同配合，充分发挥各种灭火剂的效能，迅速有效地扑灭火灾。

二、焊割作业中的一般灭火措施

（一）焊割作业地点应备有足够数量的灭火器、清水及黄沙等消防器材。

（二）如发现焊割设备有漏气现象，应立即停止工作并检查、消除漏气。当气体导管漏气着火时，首先应将焊割炬的火焰熄灭，并立即关闭阀门，用灭火器、湿布、石棉布等扑灭燃烧气体。

（三）乙炔气瓶口着火时，设法立即关闭瓶阀，停止气体流出，火即熄灭。

（四）当电石桶或乙炔发生器内电石发生燃烧时，应设法停止供水并与水隔离，再用干粉灭火器等灭火，禁止用水灭火。8kg干粉灭火器的射程为4.5m。

（五）乙炔气燃烧可用二氧化碳、干粉灭火器扑灭，乙炔瓶内丙酮流出燃烧可用泡沫、干粉、二氧化碳灭火器等扑灭，手提式二氧化碳灭火器灭火的有效射程为2m。如气瓶库发生火灾或邻近发生火灾威胁气瓶库时，应采取安全措施，将气瓶移到安全场所。

（六）一般可燃物着火，可用酸碱灭火器或清水，油类着火用泡沫、二氧化碳或干粉灭火器扑灭。

（七）电焊机着火首先拉闸断电，然后再灭火，在未断电前不能用水或泡沫灭火器灭火，只能用二氧化碳、干粉灭火器灭火（因为水和泡沫灭火液体能导电，容易触电伤人）。

（八）发生火灾或爆炸事故，必须立即向当地公安消防部门报警，根据"三不放过"的要求认真查清事故原因，严肃处理事故责任者,直至追究刑事责任。

三、灭火的基本原则

迅速有效地扑灭火灾,最大限度地减少人员伤亡和经济损失,是灭火的基本目的。因此在灭火时必须做到"先控制、后消灭","救人重于救火","先重点,后一般"等原则。

四、常用灭火器的主要性能

常用灭火器的主要性能见表7-1。

灭火器的主要性能　　　　表7-1

灭火器种类	泡沫灭火器	干粉灭火器	二氧化碳灭火器
规格	手提式6L、9L	8kg 50kg	2kg、3kg 5kg、7kg
药剂	筒内装有碳酸氢钠、硫酸铝溶液	钢筒内装有钾盐或钠盐干粉并备有盛装压缩气体的小钢瓶	瓶内装有压缩成液态的二氧化碳
用途	有一定导电性,可扑救油类或其他易燃液体火灾。不能扑救忌水和带电物体火灾	不导电。可扑救电气设备火灾,但不宜扑救旋转电机火灾,可扑救石油、油产品、油漆、有机溶剂、天然气和天然气设备火灾	不导电。扑救电气、精密仪器、油类和酸类火灾,不能扑救钾、钠、锰、铝等物质火灾
效能	喷射时间60s,射程8m	8kg喷射时间14～18s,射程4.5m;50kg喷射时间50～55s,射程6～8m	接近着火地点,距燃烧物5m处
使用方法	倒过来稍加摇动或打开开关,药剂即喷出	提起圈环干粉即可喷出	先拔下保险销,一只手拿好喇叭筒对着火源。另一只手将启闭阀压把按下即可
保养和检查方法	一年检查一次,泡沫量少时,应换药	置于干燥通风处,防受潮日晒。每年抽查一次,干粉是否受潮或结块。小钢瓶内的气体压力,每半年检查一次,如重量减少1/10,应充气	保管: 1. 置于取用方便的地方 2. 注意使用期限 3. 防止喷嘴堵塞 4. 冬期防冻,夏季防晒 检查: 每月测量一次,当低于原重量1/10时,应充气

五、焊割作业中常用的灭火器

灭火剂是指能够有效地破坏燃烧条件，并使燃烧终止的物质。

灭火器由筒体、器头、喷嘴等部件组成，借助驱动压力可将所充装的灭火剂喷出，达到灭火的目的。灭火器由于结构简单、操作方便、轻便灵活、使用广泛，是扑救各类初期火灾的重要消防器材。

灭火器的种类很多，按其移动方式可分为手提式和推车式；按驱动灭火剂的动力来源可分为储气瓶式、储压式、化学反应式；按所充装的灭火剂划分有泡沫灭火器、干粉灭火器、二氧化碳灭火器、酸碱灭火器、清（氢）水灭火器等。

常用灭火器的主要特点有：

1. 泡沫灭火器

泡沫灭火器内充装有酸性（硫酸铝）和碱性（碳酸氢钠）两种化学药剂的水溶液。使用时，将两种溶液混合引起化学反应生成泡沫，并在压力的作用下喷射灭火。手提式化学泡沫灭火器适用于扑救一般液体火灾，如石油制品、油脂类火灾，但不适用扑救带电设备及金属类火灾。使用时手提筒体上部的提环，迅速赶赴着火部位，当距着火点 10m 左右时，可将筒体颠倒过来。一只手紧握提环，另一只手扶住筒底的底圈，将喷射出的泡沫对准燃烧物，由远而近喷射。

灭火器应存放在干燥、阴凉、通风并取用方便之处，不可靠近高温或可能受到曝晒的地方，以避免碳酸氢钠分解而失效；冬期要防冻，以防药剂冻结；并经常疏通碰嘴，使之保持畅通。

2. 干粉灭火器

干粉灭火器的基料为碳酸氢钠等和少量的防潮剂、流动促进剂等添加物（如硅油、滑石粉等）组成，并研磨成很细的固体颗粒，用干燥的二氧化碳或氮气作动力，将干粉从容器中喷射出去，形成粉雾，由于干粉浓度密，颗粒细，在燃烧区内能隔绝火焰的辐射热，并析出不燃气体，冲淡空气中的氧的含量及中断燃烧连锁反应等，从而迅速扑灭火焰。

干粉灭火剂具有灭火效力大，速度快，无毒，不导电，久贮不变质，价格低等特点。

3. 二氧化碳灭火器

手提式二氧化碳灭火器，是把二氧化碳以液态灌进钢瓶内，其容量约3～7kg。液态二氧化碳喷射到燃烧区时，由于液体二氧化碳的蒸发，吸热作用凝成固态雪花状（又称干冰）。干冰的温度是$-78.5℃$，故又有冷却作用。燃烧区灭火的二氧化碳浓度占29.2%时，燃烧的火焰就会熄灭。

二氧化碳灭火器的喷射距离约2m，因而要接近火源，并要站立在上风处。

焊割作业常见电气、电石及乙炔气发生火灾时，相应采用的灭火器材见表7-2。

焊割作业发生火灾采用的灭火器材　　　　表 7-2

火灾的种类	采用的灭火器材
电气	二氧化碳、干粉、干沙
电石	干粉、干沙
乙炔气	二氧化碳、干粉、干沙

第八章 焊(割)现场常见事故原因分析、预防及事故案例

第一节 焊(割)现场常见事故原因分析、预防

一、焊割作业常见事故的原因分析

1. 无证上岗作业。许多施工单位特别是个体承包者为省钱、省时,追求更多的利润,往往雇用一些没有经过培训、考核的电焊作业人员。他们多半属于进城务工人员,绝大多数未经岗前培训,缺乏消防安全常识,盲目蛮干,违反操作规程,以致酿成事故。

2. 操作工缺乏安全常识。焊割时产生的高温、高热且有大量的火花喷出和灼热的铁屑飞溅,尤其是在基建工地、临时场所及非专用房间内进行电焊时,飞散的火星如落在可燃物上很容易引发火灾;金属构件经过电焊后温度很高,即使经过一段时间,仍有可能引燃周围的可燃物,若焊后不待冷却就随便存放,也会引起可燃物燃烧;电焊时产生的高热能通过金属构件传导到另一端,可引起金属构件另一端的可燃物发生燃烧;电焊机的接地回线由于连接处有较大电阻,能产生电阻热,或在引弧时由于冲击电流的作用会产生火花,也可能引燃可燃物。

3. 特种作业忽视安全生产。一些个体承包者安全意识淡薄,不愿在电焊作业安全防护上投入人力、资金,甚至漠视国家有关法律、法规,有章不循,不听从提醒,不服从管理,违章作业。他们将降低成本同建立健全劳动生产安全规范对立起来,片面地强调利润,忽视了安全的投入,不能正确理解后者是实现前者的前提条件和根本保障,前者是后者的必然结果的内在关系。在一些重大火灾事故中,焊工就是在作业时思想上麻痹大意,防范意

识淡薄,在事故隐患已有预兆时没有引起足够的重视,未采取任何防范措施,才最终导致事故的发生。

二、焊割作业时防止事故的安全措施

1. 加强源头管理,确保焊割作业人员持证上岗。加强对电焊工的教育和管理,增强其工作责任感,严格对电焊设备和作业的管理。焊割操作工必须经过培训考核并做到持证上岗,并严格遵守操作规程,对焊割工还应经常进行有关焊割作业安全生产规程知识的宣传。在经常进行电焊作业的场所应张贴电焊防火须知及有关防火规章制度。各建设、施工单位应加强对焊割作业人员持证情况的检查,在施工前要让施工人员出具相关证件,对检查中发现无证上岗的人员,要坚决取消其从事电、气焊作业资格,不能有侥幸心理,确保焊割作业人员持证上岗。

2. 明确安全责任,增强施工人员的防火意识。建立重点工种岗位责任制,使从事焊接工种岗位的人员都有明确的职责,并建立起合理、有效、文明的安全生产和工作秩序,并与奖惩制度挂钩,有奖有惩,消除无人负责的现象。建设、施工单位在签订施工合同时,要加入防火工作条款,对由于施工中违反安全操作规程发生火灾等事故的,应事先明确责任,发生问题后严肃追究,从而使施工单位和人员在思想上重视消防安全,自觉地做好各项防火工作。

3. 强化宣传教育,提高员工的安全生产意识。首先,加强对员工的岗前学习和培训。明确规定以下五种情况不得作业:在有火灾、爆炸危险场所内,不得进行电焊作业;在积存可燃气体、可燃蒸气的管沟、深坑和下水道内及其附近,没有消除危险因素之前不能进行电焊作业;在空心间壁墙、充填有可燃物隔热层的场所、简易建筑、简易仓库、有可燃建筑构件的闷顶内和可燃易燃物质堆垛附近,不得进行电焊作业;对焊件的内部结构、性质、存积物等未了解清楚之前,及对金属容器内残存的易燃液体未处理前,不得进行电焊作业;制作、加工和贮存易燃易爆危险品的房间内,贮存易燃易爆物品的贮罐和容器,带电设备,刚涂过油漆的建筑构件或设备在没有采取相应的安全措施时,不得进行电焊作业。其次,通过对火灾事故案例的宣传报道,增强员工的防火意识,变被动为主动,自觉地做好防火工作,通过对员工进行灭火技能演示,使他们掌握一定的防火灭火常识,会报警,会正确地使用灭火器材,会正确地扑救初起火灾。再次,加强对焊接工种人员的日常管理。要定期加强对焊接工种人员的技术培训和消防知识学习,并制定切实可行的学习、训练和考核计划,研究和掌握焊接工种人员的心理状态和不良行为,帮助他们克服吸烟、酗酒、上班串岗、闲聊等不良习惯,不断改善工作环境和条件,减少事故发生的几率。

4. 加强现场监管,消除事故隐患。在现场施工中,严格动火管理制度,严格落实电、气焊作业中的安全防范措施。要在电焊机外壳设有可靠的保护接零;为电焊机设置单独的电源开关;电焊机安放在通风良好、干燥、无腐蚀介质、远离高温高湿和多粉尘的地方,露天使用时应设防雨棚;施焊地点潮湿时,焊工应站在干燥的绝缘板或胶垫上作业,配合人员应穿绝缘鞋或站在绝缘板上;高空焊接或切割时,必须系好安全带,焊接周围和下方应采取防火措施,并应设专人监护;作业时要保证电焊作业现场周围10m内没有堆放易爆物品,飞溅的熔珠火花不会掉入下层可燃物中,引燃可燃物。现场监护人员对检查中发现的火灾隐患应及时消除、严加防范,以确保施工作业现场的消防安全。

第二节 事故案例

案例1:电焊机外壳带电触电事故

1. 事故经过

某建筑施工现场焊工王某和张某进行钢筋点焊作业,发现电焊机一段引线圈已断,电工只找了一段软线交张某让他自己更换。张某换线时,发现一次线接线板螺栓松动,便使用扳手拧紧后(此时王某不在现场),就离开了现场,王某返回后不了解情况,便开始点焊,只焊了一下就大叫一声倒地,终因抢救无效死亡。

2. 事故原因

(1) 因接线板烧损，线圈与电焊机外壳相碰，而引发短路。

(2) 电焊机外壳未做保护接零。

(3) 电焊工未按规定穿绝缘鞋、戴绝缘手套。

3. 预防措施

(1) 电焊机的维修应由专业电工进行。

(2) 焊接设备应做保护接零。

(3) 电焊工作业时应按规定穿绝缘鞋、戴绝缘手套。

案例2：焊接切割时焊渣引燃火灾

1. 事故经过

某建筑施工企业对承包一大礼堂大修时，一气割工上屋顶进行钢屋架拆除切割作业，由于熔渣落下，引燃下面存放的废料、油毛毡等物引起火灾，待别人发觉时火势已猛，烧毁了整个礼堂。

2. 事故原因

(1) 违反高空焊割作业防火安全措施规定。

(2) 未做焊割前的防范工作、未观察环境。

(3) 属责任事故。

3. 预防措施

(1) 严格遵守高空焊割作业操作规程。

(2) 做好焊割前的准备工作。

案例3：焊补空汽油桶爆炸

1. 事故经过

某企业制冷车间一个有裂缝的空汽油桶需焊补，焊工班提出未采取措施直接焊补有危险，但制冷车间说这个空桶："是干的，无危险"。结果在未采取任何安全措施的情况下；而且又没有开启端面上小盖，就进行焊补。操作的情况是一位焊工半蹲在地面进行气焊，另一位工人用手扶着汽油桶。刚开始气焊时汽油桶就爆炸，两端封头飞出，桶体被炸飞，正在操作的气焊工被炸死。

2. 事故原因

(1) 违反焊工"十不烧"规定。

(2)密封的容器不能切割。
(3)未开启小孔盖。
3. 预防措施
(1)严格遵守焊工"十不烧"规定。
(2)严禁焊补切割未开孔洞的密封容器。
(3)严禁焊补切割未经安全处置的燃料容器和管道。

案例4：登高作业发生坠落

1. 事故经过

某镀锌厂刚从学校毕业不到半年的一位大学生正在车间实习。他没戴标准防火安全带，约在2~3层楼高度位置维修设备。结果一不小心，一脚踩空从高空坠落下来，正好他的工作位置下方是一个热水池，池上又无任何防护措施，大学生一头扎入热水池，热水灌进他的颈部，结果被热水活活烫死（在送医院的路上身亡）。

2. 主要原因
(1)高空作业没戴安全带。
(2)热水池上无任何防护措施。

3. 预防措施
(1)高空作业要戴好标准防火安全带。
(2)厂方应在热水池上设置防护盖或铁网等。

案例5：高空焊接作业坠落

1. 事故经过

某建筑单位基建工地因电焊工请假，影响了施工，基建科副科长朱某着急，就自己顶替焊工焊接，他攀上屋架顶，在既未挂安全带，又无助手帮助的情况下，也不戴面罩，左手扶着钢筋，右手抓焊钳，闭着眼睛施焊。但他毕竟不是焊工，终因焊接质量差，焊缝支持不住他的体重，而从10m高处坠落，当即死亡。

2. 主要原因
(1)基建科副科长不是专业焊工。
(2)作业现场无监护人。
(3)高空作业未挂安全带，也无其他安全设施。

3. 预防措施

（1）不是焊工不能从事焊割作业。

（2）登高作业要设监护人。

（3）登高作业一定要用标准的防火安全带，架设安全网等安全设施。

案例6：氧气胶管冲落，将水暖工眼球击裂失明

1. 事故经过

某厂气割工甲与水暖工乙进行上、下水管大修工作。乙开启减压器上的氧气阀门，氧气突然冲击，将接在减压器出气嘴上的氧气胶管冲落，正好打在乙的左眼上，将眼球击裂失明。

2. 主要原因

（1）瓶内氧气压力较高，开启阀门过大，使氧气猛烈冲击。

（2）氧气胶管与减压器的连接部位未扎牢。

（3）水暖工乙不懂气割安全操作规程。

3. 主要预防措施

（1）非焊工不得操作气割设备及工具。

（2）开启氧气阀门不要过猛、过大；操作者应站在气体出口方向的侧面。

（3）减压器出气嘴上的氧气胶管应插紧扎牢。

案例7：焊工擅自接通焊机电源，遭电击

1. 事故经过

某建筑工地有位焊工到室外临时施工点焊接，焊机接线时因无电源闸盒，便自己将电缆每股导线头部的胶皮去掉，分别接在露天的电网线上，由于错接零线在火线上，当他调节焊接电流用手触及外壳时，即遭电击身亡。

2. 主要原因

由于焊工不熟悉有关电气安全知识，将零线和火线错接，导致焊机外壳带电，酿成触电死亡事故。

3. 主要预防措施

焊接设备接线必须由电工进行，焊工不得擅自进行。

案例8：要换焊条时手触焊钳口，遭电击

1. 事故经过

某船厂有一位年轻的电焊工正在船舱内焊接，因舱内温度高加之通风不良，身上大量出汗将工作服和皮手套湿透。在更换焊条时触及焊钳口因痉挛后仰跌倒，焊钳落在颈部未能摆脱，造成电击。事故发生后经抢救无效而死亡。

2. 主要原因

（1）焊机的空载电压较高，超过了安全电压。

（2）船舱内温度高，焊工大量出汗，人体电阻降低，触电危险性增大。

（3）触电后未能及时发现，电流通过人体的持续时间较长，使心脏、肺部等重要器官受到严重破坏，抢救无效。

3. 主要预防措施

（1）船舱内焊接时，要设通风装置，使空气对流。

（2）舱内工作时要设监护人，随时注意焊工动态，遇到危险征兆时，立即拉闸进行抢救。

案例9：焊工未按要求穿戴防护用品，触电身亡

1. 事故经过

上海某机械厂结构车间，用数台焊机对产品机座进行焊接，当一名焊工右手合电闸、左手扶焊机时的一瞬间，随即大叫一声，倒在地上，经送医院抢救无效死亡。

2. 主要原因

（1）电焊机机壳带电。

（2）焊工未戴绝缘手套及穿绝缘鞋。

（3）焊机接地失灵。

3. 主要预防措施

（1）工作前应检查设备绝缘层有无破损，接地是否良好。

（2）焊工应戴好个人防护用品。

（3）推、拉电源闸刀时，要戴绝缘手套，动作要快，站在侧面。

附录一 焊接与切割安全

(GB 9448—1999)
代替 GB 9448—1988

前　言

本标准是根据美国标准 ANSI/AWSZ 49.1《焊接与切割安全》对 GB 9448—1988《焊接与切割安全》进行修订的，在技术要素上与之等效；在具体技术内容方面有如下变动：

——本标准以我国标准作为引用依据。由于标准体系的不同，在此用相关标准技术内容的部分，做了不同程度上的调整，文字叙述上亦有相应的改动；

——ANSI/AWSZ 49.1《焊接与切割安全》中个别内容重复、难以操作的部分结合我国的实际国情均做了适当删改；

——根据我国的实际情况，保留了 ANSI/AWSZ 49.1《焊接与切割安全》中没有、但在原标准中存在、而且证明确实有效合理的技术内容；

——本标准主要适用于一般的焊接、切割操作，故删除了原标准中与操作基本无关的内容及特殊的安全要求，如：登高作业、汇流排系统中的设计、安装细节等；

——根据技术内容的编排需要，本标准增加了附录部分。

本标准自实施之日起，同时代替 GB 9448—1988。

本标准的附录 A、附录 B 和附录 C 均为提示的附录。

第一分篇　通用规则

1　范围

本标准规定了在实施焊接、切割操作过程中避免人身伤害及财产损失所必须遵循的基本原则。

本标准为安全地实施焊接、切割操作提供了依据。

2 引用标准

下列标准所包含的条文，通过在本标准中引用而构成为本标准的条文。本标准出版时，所示版本均为有效。所有标准都会被修订，使用本标准的各方应探讨使用下列标准最新版本的可能性。

  GBJ 87—1985 工业企业噪声控制设计规范
  GB/T 2550—1992 焊接及切割用橡胶软管 氧气橡胶软管
  GB/T 2551—1992 焊接及切割用橡胶软管 乙炔橡胶软管
  GB/T 3609.1—1994 焊接眼、面防护具
  GB/T 4064—1983 电气设备安全设计导则
  GB/T 5107—2008 焊接和切割用软管头
  GB 7144—1985 气瓶颜色标记
  GB/T 11651—2008 个人防护装备选用规范
  GB 15578—2008 电阻焊机的安全要求
  GB 15579—2004 弧焊设备安全要求 第一部分：焊接电源
  GB 15701—1995 焊接防护服
  GB 16194—1996 车间空气中电焊烟尘卫生标准
  JB/T 5101—1991 气割机用割炬
  JB/T 6968—1993 便携式微型焊炬
  JB/T 6969—1993 射吸式焊炬
  JB/T 6970—1993 射吸式割炬
  JB 7496—1994 焊接、切割及类似工艺用气瓶减压器安全规范
  JB/T 7947—1999 等压式焊炬、割炬

3 总则

3.1 设备及操作

3.1.1 设备条件

所有运行使用中的焊接、切割设备必须处于正常的工作状

态,存在安全隐患(如:安全性或可靠性不足)时,必须停止使用并由维修人员修理。

3.1.2 操作

所有的焊接与切割设备必须按制造厂提供的操作说明书或规程使用,并且还必须符合本标准要求。

3.2 责任

管理者、监督者和操作者对焊接及切割的安全实施负有各自的责任。

3.2.1 管理者

管理者必须对实施焊接及切割操作的人员及监督人员进行必要的安全培训。培训内容包括:设备的安全操作、工艺的安全执行及应急措施等。

管理者有责任将焊接、切割可能引起的危害及后果以适当的方式(如:安全培训教育、口头或书面说明、警告标识等)通告给实施操作的人员。

管理者必须标明允许进行焊接、切割的区域,并建立必要的安全措施。

管理者必须明确在每个区域内单独的焊接及切割操作规则。并确保每个有关人员对所涉及的危害有清醒的认识并且了解相应的预防措施。

管理者必须保证只使用经过认可并检查合格的设备(诸如焊割机具、调节器、调压阀、焊机、焊钳及人员防护装置)。

3.2.2 现场管理及安全监督人员

焊接或切割现场应设置现场管理和安全监督人员。这些监督人员必须对设备的安全管理及工艺的安全执行负责。在实施监督职责的同时,他们还可担负其他职责,如:现场管理、技术指导、操作协作等。

监督者必须保证:

——各类防护用品得到合理使用;

——在现场适当地配置防火及灭火设备;

——指派火灾警戒人员；

——所要求的热作业规程得到遵循。

在不需要火灾警戒人员的场合，监督者必须要在热工作业完成后做最终检查并组织消灭可能存在的火灾隐患。

3.2.3 操作者

操作者必须具备对特种作业人员所要求的基本条件，并懂得将要实施操作时可能产生的危害以及适用于控制危害条件的程序。操作者必须安全地使用设备，使之不会对生命及财产构成危害。

操作者只有在规定的安全条件得到满足；并得到现场管理及监督者准许的前提下，才可实施焊接或切割操作。在获得准许的条件没有变化时，操作者可以连续地实施焊接或切割。

4 人员及工作区域的防护

4.1 工作区域的防护

4.1.1 设备

焊接设备、焊机、切割机具、钢瓶、电缆及其他器具必须放置稳妥并保持良好的秩序，使之不会对附近的作业或过往人员构成妨碍。

4.1.2 警告标志

焊接和切割区域必须予以明确标明，并且应有必要的警告标志。

4.1.3 防护屏板

为了防止作业人员对邻近区域的其他人员受到焊接及切割电弧的辐射及飞溅伤害，应用不可燃或耐火屏板（或屏罩）加以隔离保护。

4.1.4 焊接隔间

在准许操作的地方、焊接场所，必要时可用不可燃屏板或屏罩隔开形成焊接隔间。

4.2 人身防护

在依据 GB/T 11651 选择防护用品的同时，还应做如下考虑：
4.2.1 眼睛及面部防护

作业人员在观察电弧时，必须使用带有滤光镜的头罩或手持面罩，或佩戴安全镜、护目镜或其他合适的眼镜。辅助人员亦应佩戴类似的眼保护装置。

面罩及护目镜必须符合 GB/T 3609.1 的要求。

对于大面积观察（诸如培训、展示、演示及一些自动焊操作），可以使用一个大面积的滤光窗、幕而不必使用单个的面罩、手提罩或护目镜。窗或幕材料必须对观察者提供安全的保护效果、使其免受弧光、碎渣飞溅的伤害。

镜片遮光号可参照表 1 选择。

护目镜遮光号的选择指南 表 1

焊接方法	焊条尺寸，mm	电弧电流，A	最低遮光号	推荐遮光号[*]
手工电弧焊	<2.5 2.5～4 4～6.4 >6.4	<60 60～160 160～250 250～550	7 8 10 11	— 10 12 14
气体保护电弧焊及药芯焊丝电弧焊	—	<60 60～160 160～250 250～500	7 10 10 10	— 11 12 14
钨极气体保护电弧焊	—	<50 50～100 150～500	8 8 10	10 12 14
空气碳弧切割	—	<500 500～1000	10 11	12 14
等离子弧焊接	—	<20 20～100 100～400 400～800	6 8 10 11	6～8 10 12 14
等离子弧切割	**)	<300 300～400 400～800	8 9 10	9 12 14
焊炬硬钎焊	—	—	—	3 或 4

续表

焊接方法	焊条尺寸，mm	电弧电流，A	最低遮光号	推荐遮光号*)
焊炬软钎焊	—	—	—	2
碳弧焊	—	—	—	14
气焊	板厚，mm <3 3～13 >13	—		4 或 5 5 或 6 6 或 8
气割	板厚，mm <25 25～150 >150	—		3 或 4 4 或 5 5 或 6

*) 根据经验，开始使用太暗的镜片难以看清焊接区，因而建议使用可看清焊接区域的适宜镜片，但遮光号不要低于下限值。在氧燃气焊接或切割时焊炬产生亮黄光的地方，希望使用滤光镜以吸收操作视野范围内的黄线或紫外线。

**) 这些数值适用于实际电弧清晰可见的地方，经验表明，当电弧被工件所遮蔽时，可以使用轻度的滤光镜。

4.2.2 身体保护

4.2.2.1 防护服

防护服应根据具体的焊接和切割操作特点选择，防护服必须符合 GB 15701 的要求，并可以提供足够的保护面积。

4.2.2.2 手套

所有焊工和切割工必须佩戴耐火的防护手套，相关标准参见附录 C(提示的附录)。

4.2.2.3 围裙

当身体前部需要对火花和辐射做附加保护时，必须使用经久耐火的皮制或其他材质的围裙。

4.2.2.4 护腿

需要对腿做附加保护时，必须使用耐火的护腿或其他等效的用具。

4.2.2.5 披肩、斗篷及套袖

在进行仰焊、切割或其他操作过程中，必要时必须佩戴皮制或其他耐火材质的套袖或披肩罩，也可在头罩下佩带耐火质地的

斗篷以防头部灼伤。

4.2.2.6 其他防护服

当噪声无法控制在 GBJ 87 规定的允许声级范围内时，必须采用保护装置（诸如耳套、耳塞或用其他适当的方式保护）。

4.3 呼吸保护设备

利用通风手段无法将作业区域内的空气污染降至允许限值或这类控制手段无法实施时，必须使用呼吸保护装置，如：长管面具、防毒面具等（相关标准参见附录C）。

5 通风

5.1 充分通风

为了保证作业人员在无害的呼吸氛围内工作，所有焊接、切割、钎焊及有关的操作必须要在足够的通风条件下（包括自然通风或机械通风）进行。

5.2 防止烟气流

必须采取措施避免作业人员直接呼吸到焊接操作所产生的烟气流。

5.3 通风的实施

为了确保车间空气中焊接烟尘的污染程度低于 GB 16194 的规定值，可根据需要采用各种通风手段（如：自然通风、机械通风等）。

6 消防措施

6.1 防火职责

必须明确焊接操作人员、监督人员及管理人员的防火职责，并建立切实可行的安全防火管理制度。

6.2 指定的操作区域

焊接及切割应在为减少火灾隐患而设计、建造（或特殊指定）的区域内进行。因特殊原因需要在非指定的区域内进行焊接或切割操作时，必须经检查、核准。

6.3 放有易燃物区域的热作业条件

焊接或切割作业只能在无火灾隐患的条件下实施。

6.3.1 转移工件

有条件时,首先要将工件移至指定的安全区进行焊接。

6.3.2 转移火源

工件不可移时,应将火灾隐患周围所有可移动物移至安全位置。

6.3.3 工件及火源无法转移

工件及火源无法转移时,要采取措施限制火源以免发生火灾,如:

a) 易燃地板要清扫干净,并以洒水、铺盖湿沙、金属薄板或类似物品的方法加以保护。

b) 地板上的所有开口或裂缝应覆盖或封好,或者采取其他措施以防地板下面的易燃物与可能由开口处落下的火花接触。对墙壁上的裂缝或开口、敞开或损坏的门、窗亦要采取类似的措施。

6.4 灭火

6.4.1 灭火器及喷水器

在进行焊接及切割操作的地方必须配置足够的灭火设备。其配置取决于现场易燃物品的性质和数量,可以是水池、沙箱、水龙带、消防栓或手提灭火器。在有喷水器的地方,在焊接或切割过程中,喷水器必须处于可使用状态。如果焊接地点距自动喷水头很近,可根据需要用不可燃的薄材或潮湿的棉布将喷头临时遮蔽。而且这种临时遮蔽要便于迅速拆除。

6.4.2 火灾警戒人员的设置

在下列焊接或切割的作业点及可能引发火灾的地点,应设置火灾警戒人员:

a) 靠近易燃物之处 建筑结构或材料中的易燃物距作业点10m以内。

b) 开口 在墙壁或地板有开口的10m。半径范围内(包括墙壁或地板内的隐蔽空间)放有外露的易燃物。

c) 金属墙壁 靠近金属间壁、墙壁、顶棚、屋顶等处另一侧易受传热或辐射而引起的易燃物。

  d) 船上作业 在油箱、甲板、顶架和舱壁进行船上作业时，焊接时透过的火花、热传导可能导致隔壁舱室起火。

6.4.3 火灾警戒职责

  火灾警戒人员必须经必要的消防训练，并熟知消防紧急处理程序。

  火灾警戒人员的职责是监视作业区域内的火灾情况；在焊接或切割完成后检查并消灭可能存在的残火。

  火灾警戒人员可以同时承担其他职责，但不得对其火灾警戒任务有干扰。

6.5 装有易燃物容器的焊接或切割

  当焊接或切割装有易燃物的容器时，必须采取特殊的安全措施并经严格检查批准方可作业，否则严禁开始工作。

7 封闭空间内的安全要求

  在封闭空间内作业时要求采取特殊的措施。

  注：封闭空间是指一种相对狭窄或受限制的空间，诸如箱体、锅炉、容器、舱室等等。"封闭"意味着由于结构、尺寸、形状而导致恶劣的通风条件。

7.1 封闭空间内的通风

  除了正常的通风要求之外，封闭空间内的通风还要求防止可燃混合气的聚集及大气中富氧。

7.1.1 人员的进入

  封闭空间内在进行良好的通风之前禁止人员进入。如要进入，必须佩戴合适的供气呼吸设备并由戴有类似设备的他人监护。

  必要时在进入之前，对封闭空间要进行毒气、可燃气、有害气、氧量等的测试，确认无害后方可进入。

7.1.2 邻近的人员

  封闭空间内适宜的通风不仅必须确保焊工或切割工自身的安全，还要确保区域内所有人员的安全。

7.1.3 使用的空气

通风所使用的空气,其数量和质量必须保证封闭空间的有害物质污染浓度低于规定值。

供给呼吸器或呼吸设备的压缩空气必须满足正常的呼吸要求。

呼吸器的压缩空气管必须是专用管线,不得与其他管路相连接。

除了空气之外,氧气、其他气体或混合气不得用于通风。

在对生命和健康有直接危害的区域内实施焊接、切割或相关工艺作业时,必须采用强制通风、供气呼吸设备或其他合适的方式。

7.2 使用设备的安置

7.2.1 气瓶及焊接电源

在封闭空间内实施焊接及切割时,气瓶及焊接电源必须放置在封闭空间的外面。

7.2.2 通风管

用于焊接、切割或相关工艺局部抽气通风的管道必须由不可燃材料制成。这些管道必须根据需要进行定期检查以保证其功能稳定,其内表面不得有可燃残留物。

7.3 相邻区域

在封闭空间邻近处实施焊接或切割而使得封闭空间内存在危险时,必须使人们知道封闭空间内的危险后果,在缺乏必要的保护措施条件下严禁进入这样的封闭空间。

7.4 紧急信号

当作业人员从人孔或其他开口处进入封闭空间时,必须具备向外部人员提供救援信号的手段。

7.5 封闭空间的监护人员

在封闭空间内作业时,如存在着严重危害生命安全的气体,封闭空间外面必须设置监护人员。

监护人员必须具有在紧急状态下迅速救出或保护里面作业人

员的救护措施；具备实施救援行动的能力。他们必须随时监护里面作业人员的状态并与他们保持联络，备好救护设备。

8 公共展览及演示

在公共场所进行焊接、切割操作的展览、演示时，除了保障操作者的人身安全之外，还必须保证观众免受弧光、火花、电击、辐射等伤害。

9 警告标志

在焊接及切割作业所产生的烟尘、气体、弧光、火花、电击、热、辐射及噪声可能导致危害的地方，应通过使用适当的警告标志使人们对这些危害有清楚的了解。

第二分篇 专用规则

10 氧燃气焊接及切割安全

10.1 一般要求

10.1.1 与乙炔相接触的部件

所有与乙炔相接触的部件(包括：仪表、管路、附件等)不得由铜、银以及铜(或银)含量超过70%的合金制成。

10.1.2 氧气与可燃物的隔离

氧气瓶、气瓶阀、接头、减压器、软管及设备必须与油、润滑脂及其他可燃物或爆炸物相隔离。严禁用沾有油污的手、或带有油迹的手套去触碰氧气瓶或氧气设备。

10.1.3 密封性试验

检验气路连接处密封性时，严禁使用明火。

10.1.4 氧气的禁止使用

严禁用氧气代替压缩空气使用。氧气严禁用于气动工具、油预热炉、启动内燃机、吹通管路、衣服及工件的除尘，为通风而加压或类似的应用。氧气喷流严禁喷至带油的表面、带油脂的衣服或进入燃油或其他贮罐内。

10.1.5 氧气设备

用于氧气的气瓶、设备、管线或仪器严禁用于其他气体。

10.1.6 气体混合的附件

未经许可，禁止装设可能使空气或氧气与可燃气体在燃烧前（不包括燃烧室或焊炬内）相混合的装置或附件。

10.2 焊炬及割炬

只有符合有关标准（如：JB/T 5101、JB/T 6968、JB/T 6969、JB/T 6970 和 JB/T 7947 等）的焊炬和割炬才允许使用。

使用焊炬、割炬时，必须遵守制造商关于焊、割炬点火、调节及熄火的程序规定。点火之前，操作者应检查焊、割炬的气路是否通畅、射吸能力、气密性等等。

点火时应使用摩擦打火机、固定的点火器或其他适宜的火种。焊割炬不得指向人员或可燃物。

10.3 软管及软管接头

用于焊接与切割输送气体的软管，如氧气软管和乙炔软管，其结构、尺寸、工作压力、机械性能、颜色必须符合 GB/T 2550、GB/T 2551 的要求。软管接头则必须满足 GB/T 5107 的要求。

禁止使用泄漏、烧坏、磨损、老化或有其他缺陷的软管。

10.4 减压器

只有经过检验合格的减压器才允许使用。减压器的使用必须严格遵守 JB 7496 的有关规定。

减压器只能用于设计规定的气体及压力。

减压器的连接螺纹及接头必须保证减压器安在气瓶阀或软管上之后连接良好、无任何泄漏。

减压器在气瓶上应安装合理、牢固。采用螺纹连接时，应拧足五个螺扣以上；采用专门的夹具压紧时，装卡应平整牢固。

从气瓶上拆卸减压器之前，必须将气瓶阀关闭并将减压器内的剩余气体释放干净。

同时使用两种气体进行焊接或切割时，不同气瓶减压器的出口端都应装上各自的单向阀，以防止气流相互倒灌。

当减压器需要修理时，维修工作必须由经劳动、计量部门考核认可的专业人员完成。

10.5 气瓶

所有用于焊接与切割的气瓶都必须按有关标准及规程［参见附录A(提示的附录)］制造、管理、维护并使用。

使用中的气瓶必须进行定期检查，使用期满或送检未合格的气瓶禁止继续使用。

10.5.1 气瓶的充气

气瓶的充气必须按规定程序由专业部门承担，其他人不得向气瓶内充气。除气体供应者以外，其他人不得在一个气瓶内混合气体或从一个气瓶向另一个气瓶倒气。

10.5.2 气瓶的标志

为了便于识别气瓶内的气体成分，气瓶必须按GB 7144规定做明显标志。其标识必须清晰、不易去除。标识模糊不清的气瓶禁止使用。

10.5.3 气瓶的储存

气瓶必须储存在不会遭受物理损坏或使气瓶内储存物的温度超过40℃的地方。

气瓶必须储放在远离电梯、楼梯或过道，不会被经过或倾倒的物体碰翻或损坏的指定地点。在储存时，气瓶必须稳固以免翻倒。

气瓶在储存时必须与可燃物、易燃液体隔离，并且远离容易引燃的材料(诸如木材、纸张、包装材料、油脂等)至少6m以上，或用至少1.6m高的不可燃隔板隔离。

10.5.4 气瓶在现场的安放、搬运及使用

气瓶在使用时必须稳固竖立或装在专用车(架)或固定装置上。

气瓶不得置于受阳光暴晒、热源辐射及可能受到电击的地方。气瓶必须距离实际焊接或切割作业点足够远(一般为5m以上)，以免接触火花、热渣或火焰，否则必须提供耐火屏障。

气瓶不得置于可能使其本身成为电路一部分的区域。避免与电动机车轨道、无轨电车电线等接触。气瓶必须远离散热器、管

路系统、电路排线等，及可能供接地(如电焊机)的物体。禁止用电极敲击气瓶，在气瓶上引弧。

搬运气瓶时，应注意：

——关紧气瓶阀，而且不得提拉气瓶上的阀门保护帽；

——用吊牢、起重机运送气瓶时，应使用吊架或合适的台架，不得使用吊钩、钢索或电磁吸盘。

——避免可能损伤瓶体、瓶阀或安全装置的剧烈碰撞。

气瓶不得作为滚动支架或支撑重物的托架。

气瓶应配置手轮或专用扳手启闭瓶阀。气瓶在使用后不得放空，必须留有不小于98～196kPa表压的余气。

当气瓶冻住时，不得在阀门或阀门保护帽下面用撬杠撬动气瓶松动。应使用40℃以下的温水解冻。

10.5.5 气瓶的开启

10.5.5.1 气瓶阀的清理

将减压器接到气瓶阀门之前，阀门出口处首先必须用无油污的清洁布擦拭干净，然后快速打开阀门并立即关闭以便清除阀门上的灰尘或可能进入减压器的脏物。

清理阀门时操作者应站在排出口的侧面，不得站在其前面。不得在其他焊接作业点、存在着火化、火焰(或可能引燃)的地点附近清理气瓶阀。

10.5.5.2 开启氧气瓶的特殊程序

减压器安在氧气瓶上之后，必须进行以下操作：

a) 首先调节螺杆并打开顺流管路，排放减压器的气体。

b) 其次，调节螺杆并缓慢打开气瓶阀，以便在打开阀门前使减压器气瓶压力表的指针始终慢慢地向上移动。打开气瓶阀时，应站在瓶阀气体排出方向的侧面而不要站在其前面。

c) 当压力表指针达到最高值后，阀门必须完全打开以防气体沿阀杆泄漏。

10.5.5.3 乙炔气瓶的开启

开启乙炔气瓶的瓶阀时应缓慢，严禁开至超过 $1\frac{1}{2}$ 圈，一般只开至¾圈以内以便在紧急情况下迅速关闭气瓶。

10.5.5.4 使用的工具

配有手轮的气瓶阀门不得用榔头或扳手开启。

未配有手轮的气瓶,使用过程中必须在阀柄上备有把手、手柄或专用扳手,以便在紧急情况下可以迅速关闭气路。在多个气瓶组装使用时,至少要备有一把这样的扳手以备急用。

10.5.6 其他

气瓶在使用时,其上端禁止放置物品,以免损坏安全装置或妨碍阀门的迅速关闭。使用结束后,气瓶阀必须关紧。

10.5.7 气瓶的故障处理

10.5.7.1 泄漏

如果发现燃气气瓶的瓶阀周围有泄漏,应关闭气瓶阀拧紧密封螺帽。

当气瓶泄漏无法阻止时,应将燃气瓶移至室外,远离所有起火源,并做相应的警告通知。缓缓打开气瓶阀,逐渐释放内存的气体。

有缺陷的气瓶或瓶阀应做适宜标识,并送专业部门修理,经检验合格后方可重新使用。

10.5.7.2 火灾

气瓶泄漏导致的起火可通过关闭瓶阀,采用水、湿布、灭火器等手段予以熄灭。

在气瓶起火无法通过上述手段熄灭的情况下,必须将该区域做疏散,并用大量水流浇湿气瓶,使其保持冷却。

10.6 汇流排的安装与操作

在气体用量集中的场合可以采用汇流排供气。汇流排的设计、安装必须符合有关标准规程的要求。汇流排系统必须合理地设置回火保险器、气阀、逆止阀、减压器、滤清器、事故排放管等。安装在汇流排系统的这些部件均应经过单件或组合件的检验认可,并证明符合汇流排系统的安全要求。

气瓶汇流排的安装必须在对其结构和使用熟悉的人员监督下进行。

乙炔气瓶和液化气气瓶必须在直立位置上汇流。与汇流排连接并供气的气瓶，其瓶内的压力应基本相等。

11 电弧焊接与切割安全

11.1 一般要求

11.1.1 弧焊设备

根据工作情况选择弧焊设备时，必须要考虑到焊接的各方面安全因素。进行电弧焊接与切割时所使用的设备必须符合相应的焊接设备标准规定，参见附录B（提示的附示），还必须满足GB 15579的安全要求。

11.1.2 操作者

被指定操作弧焊与切割设备的人员必须在这些设备的维护及操作方面经适宜的培训及考核，其工作能力应得到必要的认可。

11.1.3 操作程序

每台（套）弧焊设备的操作程序应完备。

11.2 弧焊设备的安装

弧焊设备的安装必须在符合GB/T 4064规定的基础上，满足下列要求。

11.2.1 设备的工作环境与其技术说明书规定相符，安放在通风、干燥、无碰撞或无剧烈震动、无高温、无易燃品存在的地方。

11.2.2 在特殊环境条件下（如：室外的雨雪中；温度、湿度、气压超出正常范围或具有腐蚀、爆炸危险的环境），必须对设备采取特殊的防护措施以保证其正常的工作性能。

11.2.3 当特殊工艺需要高于规定的空载电压值时，必须对设备提供相应的绝缘方法（如：采用空载自动断电保护装置）或其他措施。

11.2.4 弧焊设备外露的带电部分必须设置完好的保护，以防人员或金属物体（如：货车、起重机吊钩等）与之相接触。

11.3 接地

焊机必须以正确的方法接地（或接零）。接地（或接零）装置必须连接良好，永久性的接地（或接零）应做定期检查。

禁止使用氧气、乙炔等易燃易爆气体管道作为接地装置。

在有接地(或接零)装置的焊件上进行弧焊操作，或焊接与大地密切连接的焊件(如：管道、房屋的金属支架等)时，应特别注意避免焊机和工件的双重接地。

11.4 焊接回路

11.4.1 构成焊接回路的焊接电缆必须适合于焊接的实际操作条件。

11.4.2 构成焊接回路的电缆外皮必须完整、绝缘良好(绝缘电阻大于$1M\Omega$)。用于高频、高压振荡器设备的电缆，必须具有相应的绝缘性能。

11.4.3 焊机的电缆应使用整根导线，尽量不带连接接头。需要接长导线时，接头处要连接牢固、绝缘良好。

11.4.4 构成焊接回路的电缆禁止搭在气瓶等易燃物品上，禁止与油脂等易燃物质接触。在经过通道、马路时，必须采取保护措施(如：使用保护套)。

11.4.5 能导电的物体(如：管道、轨道、金属支架、暖气设备等)不得用做焊接回路的永久部分。但在建造、延长或维修时可以考虑作为临时使用，其前提是必须经检查确认所有接头处的电气连接良好，任何部位不会出现火花或过热。此外，必须采取特殊措施以防事故的发生。锁链、钢丝绳、起重机、卷扬机或升降机不得用来传输焊接电流。

11.5 操作

11.5.1 安全操作规程

指定操作或维修弧焊设备的作业人员必须了解、掌握并遵守有关设备安全操作规程及作业标准。此外，还必须熟知本标准的有关安全要求(诸如：人员防护、通风、防火等内容)。

11.5.2 连线的检查

完成焊机的接线之后，在开始操作设备之前必须检查一下每个安装的接头以确认其连接良好。其内容包括：

——线路连接正确合理，接地必须符合规定要求；

——磁性工件夹爪在其接触面上不得有附着的金属颗粒及飞溅物；

——盘卷的焊接电缆在使用之前应展开以免过热及绝缘损坏；

——需要交替使用不同长度电缆时应配备绝缘接头，以确保不需要时无用的长度可被断开。

11.5.3 泄漏

不得有影响焊工安全的任何冷却水、保护气或机油的泄漏。

11.5.4 工作中止

当焊接工作中止时(如：工间休息)，必须关闭设备或焊机的输出端或者切断电源。

11.5.5 移动焊机

需要移动焊机，必须首先切断其输入端的电源。

11.5.6 不使用的设备

金属焊条和碳极在不用时必须从焊钳上取下以消除人员或导电物体的触电危险。焊钳在不使用时必须置于与人员、导电体、易燃物体或压缩空气瓶接触不到的地方。半自动焊机的焊枪在不使用时亦必须妥善放置以免使枪体开关意外启动。

11.5.7 电击

在有电气危险的条件下进行电弧焊接或切割时，操作人员必须注意遵守下述原则：

11.5.7.1 带电金属部件

禁止焊条或焊钳上带电金属部件与身体相接触。

11.5.7.2 绝缘

焊工必须用干燥的绝缘材料保护自己免除与工件或地面可能产生的电接触。在座位或俯位工作时，必须采用绝缘方法防止与导电体的大面积接触。

11.5.7.3 手套

要求使用状态良好的、足够干燥的手套。

11.5.7.4 焊钳和焊枪

焊钳必须具备良好的绝缘性能和隔热性能，并且维修正常。

如果枪体漏水或渗水会严重威胁焊工安全时，禁止使用水冷式焊枪。

11.5.7.5 水浸
焊钳不得在水中浸透冷却。

11.5.7.6 更换电极
更换电极或喷嘴时,必须关闭焊机的输出端。

11.5.7.7 其他禁止的行为
焊工不得将焊接电缆缠绕在身上。

11.6 维护
所有的弧焊设备必须随时维护,保持在安全的工作状态。当设备存在缺陷或安全危害时必须中止使用,直到其安全性得到保证为止。修理必须由认可的人员进行。

11.6.1 焊接设备
焊接设备必须保持良好的机械及电气状态。整流器必须保持清洁。

11.6.1.1 检查
为了避免可能影响通风、绝缘的灰尘和纤维物积聚,对焊机应经常检查、清理。电气绕组的通风口也要做类似的检查和清理。发电机的燃料系统应进行检查,防止可能引起生锈的漏水和积水。旋转和活动部件应保持适当的维护和润滑。

11.6.1.2 露天设备
为了防止恶劣气候的影响,露天使用的焊接设备应予以保护。保护罩不得妨碍其散热通风。

11.6.1.3 修改
当需要对设备做修改时,应确保设备的修改或补充不会因设备电气或机械额定值的变化而降低其安全性能。

11.6.2 潮湿的焊接设备
已经受潮的焊接设备在使用前必须彻底干燥并经适当试验。设备不使用时应贮存在清洁干燥的地方。

11.6.3 焊接电缆
焊接电缆必须经常进行检查。损坏的电缆必须及时更换或修复。更换或修复后的电缆必须具备合适的强度、绝缘性能、导电性能和密封性能。电缆的长度可根据实际需要连接,其连接方法必须具备合适的绝缘性能。

11.6.4 压缩气体

在弧焊作业中,用于保护的压缩气体应参照第 10 章的相应条款管理和使用。

12 电阻焊安全

12.1 一般要求

12.1.1 电阻焊设备

根据工作情况选择电阻焊设备时,必须考虑焊接各方面的安全因素。电阻焊所使用的设备必须符合相应的焊接设备标准(参见附录 B)规定及 GB 15578 标准的安全要求。

12.1.2 操作者

被指定操作电阻焊设备的人员必须在相关设备的维护及操作方面经适宜的培训及考核,其工作能力应得到必要的认可。

12.1.3 操作程序

每台(套)电阻焊设备的操作程序应完备。

12.2 电阻焊设备的安装

电阻焊设备的安装必须在专业技术人员的监督指导下进行,并符合 GB/T 4064 标准规定。

12.3 保护装置

12.3.1 启动控制装置

所有电阻焊设备上的启动控制装置(诸如:按钮、脚踏开关、回缩弹簧及手提枪体上的双道开关等)必须妥善安置或保护,以免误启动。

12.3.2 固定式设备的保护措施

12.3.2.1 有关部件

所有与电阻焊设备有关的链、齿轮、操作连杆及皮带都必须按规定要求妥善保护。

12.3.2.2 单点及多点焊机

在单点或多点焊机操作过程中,当操作者的手需要经过操作

区域而可能受到伤害时,必须有效地采用下述某种措施进行保护。这些措施包括(但不局限于):

a) 机械保护式挡板、挡块;

b) 双手控制方法;

c) 弹键;

d) 限位传感装置;

e) 任何当操作者的手处于操作点下面时防止压头动作的类似装置或机构。

12.3.3 便携式设备的保护措施

12.3.3.1 支撑系统

所有悬挂的便携焊枪设备(不包括焊枪组件)应配备支撑系统。这种支撑系统必须具备失效保护性能,即当个别支撑部件损坏时,仍可支撑全部载荷。

12.3.3.2 活动夹头

活动夹头的结构必须保证操作者在作业时,其手指不存在被剪切的危险,否则必须提供保护措施。如果无法取得合适的保护方式,可以使用双柄,即每只手柄上带有安在适当位置上的一或两个操作开关。这些手柄及操作开关及剪切点或冲压点保持足够的距离,以便消除手在控制过程中进入剪切点或冲压点的可能。

12.4 电气安全

12.4.1 电压

所有固定式或便携式电阻焊设备的外部焊接控制电路必须工作在规定的电压条件下。

12.4.2 电容

高压贮能电阻焊的电阻焊设备及其控制面板必须配置合适的绝缘及完整的外壳保护。外壳的所有拉门必须配有合适的联锁装置。这种联锁装置应保护:当拉门打开时可有效地断开电源并使所有电容短路。

除此之外,还可考虑安装某种手动开关或合适的限位装置作为确保所有电容完全放电的补充安全措施。

12.4.3 扣锁和联锁

12.4.3.1 拉门

电阻焊机的所有拉门、检修面板及靠近地面的控制面板必须保护锁定或联锁状态以防止无关人员接近设备的带电部分。

12.4.3.2 远距离设置的控制面板

置于高台或单独房间内的控制面板必须锁定、联锁住或者是用挡板保护并予以标明。当设备停止使用时,面板应关闭。

12.4.4 火花保护

必须提供合适的保护措施防止飞溅的火花产生危险,如:安装屏板、佩戴防护眼镜。由于电阻焊操作不同,每种方法必须做单独考虑。

使用闪光焊设备时,必须提供由耐火材料制成的闪光屏蔽并应采取适当的防火措施。

12.4.5 急停按钮

在具备下述特点的电阻焊设备上,应考虑设置一个或多个安全急停按钮:

a) 需要 3s 或 3s 以上时间完成一个停止动作。

b) 撤除保护时,具有危险的机械动作。

急停按钮的安装和使用不得对人员产生附加的危害。

12.4.6 接地

电阻焊机的接地要求必须符合 GB 15578 标准的有关规定。

12.5 维修

电阻焊设备必须由专人做定期检查和维护。任何影响设备安全性的故障必须及时报告给安全监督人员。

13 电子束焊接安全

13.1 一般要求

13.1.1 电子束焊接设备

根据工作情况选择电子束焊接设备时,必须考虑焊接的各方面安全因素。

13.1.2 操作者

被指定操作电子束焊设备的人员必须在相关设备的维护及操

作方面经适宜的培训及考核，其工作能力应得到必要的认可。

13.1.3 操作程序

每台(套)电子束焊接设备的操作程序应完备。

13.2 潜在的危害

电子束焊接引发的下述危害必须予以防护。

13.2.1 电击

设备上必须放置合适的警告标志。

电子束设备上的所有门、使用面板必须适当固定以免突然或意外启动。所有高压导体必须完整地用固定好的接地导电障碍物包围。运行电子束枪及高压电源之前，必须使用接地探头。

13.2.2 烟气

对低真空及非真空工艺，必须提供正面通风抽气和过滤。高真空电子束焊接过程中，清理真空腔室里面时必须特别注意保持溶剂及清洗液的蒸汽浓度低于有害程度。

焊接任何不熟悉的材料或使用任何不熟悉的清洗液之前，必须确认是否存在危险。

13.2.3 X射线

为了消除或减少X射线至无害程度，对电子束设备要进行适当保护。对辐射保护的任何改动必须由设备制造厂或专业技术人员完成。修改完成后必须由制造厂或专业技术人员做辐射检查。

13.2.4 眩光

用于观察窗上的涂铅玻璃必须提供足够的射线防护效果。为了减低眩光使之达到舒适的观察效果，必须选择合适的滤镜片。

13.2.5 真空

电子束焊接人员必须了解和掌握使用真空系统工作所要求的安全事项。

附录 A
（提示的附录）

有关焊接与切割用气瓶标准

GB 5099—1994　　钢质无缝气瓶
GB 5100—1994　　钢质焊接气瓶
GB 5842—1996　　液化石油气钢瓶
GB 7512—1998　　液化石油气瓶阀
GB 8334—1999　　液化石油气钢瓶定期检验与评定
GB 8335—1998　　气瓶专用螺纹
GB 10877—1989　　氧气瓶阀
GB 10878—1999　　气瓶锥螺纹丝锥
GB 10879—2009　　溶解乙炔气瓶阀
GB 11638—2003　　溶解乙炔气瓶
GB 11640—2001　　铝合金无缝气瓶
CB 12135—1999　　气瓶定期检验站技术条件
GB 12136—1989　　溶解乙炔气瓶用回火防止器
GB 13004—1999　　钢质无缝气瓶定期检验与评定
CB 13075—1999　　钢质焊接气瓶定期检验与评定
GB 13076—2009　　溶解乙炔气瓶定期检验与评定
GB 13077—2004　　铝合金无缝气瓶定期检验与评定
气瓶安全监察规程
溶解乙炔气瓶安全监察规程

附录 B
（提示的附录）

有关焊接设备标准

GB/T 8118—1995　　电弧焊机通用技术条件

GB 8366—2004 电阻焊机通用技术条件
CB/T 10235—2000 弧焊变压器防触电装置
GB/T 13164—2003 埋弧焊机
JB 685—1992 直流弧焊发电机
JB/T 2751—2004 等离子弧切割机
JB/T 3158—1999 电阻点焊直电极
JB 19213—2003 小型弧焊变压器安全要求
JB/T 3946—1999 凸焊机电极平板槽子
JB/T 3947—1999 电阻点焊电极接头
JB/T 3948—1999 电阻点焊电极帽
JB/T 3957—1999 电极锥度 配合尺寸
JB/T 5249—1991 移动式点焊机
JB/T 5250—1991 缝焊机
JB/T 5251—1991 固定式对焊机
JB/T 5340—1991 多点焊机用阻焊变压器 特殊技术条件
JB/T 7107—1993 弧焊设备 电焊钳的安全要求
JB/T 7108—1993 碳弧气刨机
JB/T 7109—1993 等离子弧焊机
JB/T 7824—1995 逆变式弧焊整流器技术条件
JB/T 7834—1995 弧焊变压器
JB/T 7835—1995 弧焊整流器
JB/T 8085—1995 摩擦焊机
JB/T 8747—1998 手工钨极惰性气体保护弧焊机(TIG焊机)技术条件
JB/T 8748—1998 MIG/MAC 弧焊机
JB/T 9528—1999 原动机 弧焊发电机组
JB/T 9529—1999 电阻焊机变压器 通用技术条件
JB/T 9530—1999 电阻焊设备的绝缘帽和绝缘衬套
JB/T 9531—1999 点焊 电极挡块和夹块
JB/T 9191—1999 等离子喷焊枪 技术条件

JB/T 9192—1999　等离子喷焊电源
JB/T 9532—1999　MIG/MAG 焊焊枪　技术条件
JB/T 9533—1999　焊机送丝机构　技术条件
JB/T 9534—1999　引弧装置　技术条件
JB/T 9959—1999　电阻点焊　内锥度 1∶10 的电极接头
JB/T 9960—1999　电阻点焊　凸型电极帽
JB/T 10101—1999　固定式凸点焊机
JB/T 10110—1999　电阻焊机控制器　通用技术条件

附　录　C
（提示的附录）
有关安全、劳动保护标准

GB 2890—2009　呼吸防护自吸过滤式防毒面具通用技术条件
GB 2894—2008　安全标志及其使用导则
GB 5083—1985　生产设备安全卫生设计总则
GB 6095—2009　安全带
GB 6220—2009　呼吸防护　长管呼吸器
GB/T 6223—1997　自吸过滤式防微粒口罩
GB 8196—1987　机械设备防护罩安全要求
GB 8197—1987　防护屏安全要求
GB 12011—2000　电绝缘皮鞋
GB 12265—1995　机械防护安全距离
GB 12623—1990　防护鞋通用技术条件
GB 12624—2006　劳动防护手套通用技术条件
GB 12801—1991　生产过程安全要求总则
GB 13495—1992　消防安全标志
GB 15630—1995　消防安全标志设置要求
GB 16179—1996　安全标志使用导则
GB 16556—1996　自给式空气呼吸器

附录二 焊接常用的坡口形式和尺寸(摘自 GB 50235—97)

项次	厚度 T(mm)	坡口名称	坡口形式	坡口尺寸 间隙 c(mm)	坡口尺寸 钝边 p(mm)	坡口尺寸 坡口角度 $\alpha(\beta)$(°)	备注
1	1~3	I形坡口		0~1.5	—	—	单面焊
1	3~6	I形坡口		0~2.5	—	—	双面焊
2	3~9	V形坡口		0~2	0~2	65~75	
2	9~26	V形坡口		0~3	0~3	55~65	
3	6~9	带垫板V形坡口	δ=4~6 d=20~40	3~5	0~2	45~55	
3	9~26	带垫板V形坡口		4~6	0~2	45~55	
4	12~60	X形坡口		0~3	0~3	55~65	
5	20~60	U形坡口	R=5~6	0~3	1~3	(8~12)	

附录三 建设工程施工安全技术操作规程(金属焊割作业工)

一、电焊工

1.1 施工现场电焊(割)作业应履行三级动火申请审批手续,作业前,应根据申请审批要求,清理施焊现场10m内的易燃易爆物品,并采取规定的防护措施。作业人员必须按规定穿戴劳动防护用品。

1.2 现场使用的电焊机,应设有防雨、防潮、防晒的机棚。

1.3 电焊机电源线路及专用开关箱的设置,应符合电焊机安全使用的要求,并必须安装空载降压保护装置和防触电保护装置。电焊机开关箱及电源线路接线和线路故障排除必须由专业电工进行。

1.4 雨天不得在露天电焊。在潮湿地带作业时,作业人员应站在铺有绝缘物品的地方,并应穿绝缘鞋。

1.5 电焊机导线应有良好的绝缘,不得将电焊机导线放在高温物体附近。电焊机导线和焊接地线不得搭在易燃、易爆和带有热源的物品上,接地线不得接在管道、机床设备和建筑物金属构架或轨道上。

1.6 电焊机导线长度不宜大于30m,当需要加长导线时,应增加导线的截面。当导线通过轨道时,必须架高或穿入防护管内埋设在地下;当通过轨道时,必须从轨道下面穿过。当导线绝缘层受损或断股时,应立即更换。

1.7 电焊钳应有良好的绝缘和隔热能力。电焊钳握柄必须绝缘良好,握柄与导线连接应牢靠,接触良好,连接处应采用绝缘布包好,并不得外露。

1.8 严禁在运行中的压力管道,装有易燃易爆物的容器和承载受力构件上进行焊接。

1.9 在容器内施焊时，必须采取以下措施：

1. 容器必须可靠接地，焊工与焊件间应绝缘。

2. 容器上必须有进、出风口并设置通风设备。严禁向容器内输入氧气。

3. 容器内的照明电压不得超过12V。

4. 焊接时必须有人在场监护。

5. 严禁在已喷涂过油漆和塑料的容器内焊接。

1.10 高处焊接或切割时，应有可靠的作业平台，否则必须挂好安全带。焊割场所周围和下方应采取规定的防火措施并应有专人监护。

1.11 多台焊机在一起集中施焊时，焊接平台或焊件必须接地，并应有隔光板。焊接铜、铝、锌等有色金属时，必须在良好的地方进行，焊接人员应戴防毒面罩或呼吸滤清器。

1.12 更换场地移动焊把时，应切断电源。作业人员不得用胳膊夹持电焊钳。禁止手持把线爬梯、登高。

1.13 清除焊渣，应戴防护眼镜或面罩，头部应避开敲击焊渣飞溅方向。

1.14 工作结束，应切断焊机电源，锁好开关箱，并检查作业及周围场所，确认无引起火灾危险后，方可离开。

二、气焊(割)工

2.1 施工现场气焊(割)作业，应遵守本规程第1.1条的规定。

2.2 电石的贮存地点必须干燥，通风良好，室内不得有明火或敷设水管、水箱。电石桶应密封，桶上必须标明"电石桶"和"严禁用水灭火"等字样，如电石有轻微受潮时，应轻轻取出电石，不得倾倒。

2.3 电石起火时必须用干砂或二氧化碳灭火器。不得用泡沫、四氯化碳灭火器或水灭火。电石粒末应在露天销毁。

2.4 气焊严禁使用未安装减压气的氧气瓶进行作业。

2.5 氧气瓶、氧气表及焊割工具上,严禁沾染油脂。

2.6 氧气瓶应有防震胶圈,旋紧安全帽,避免碰撞和剧烈震动,并防止暴晒。冻结应用热水加热,不准用火烤。

2.7 乙炔气瓶不得平放,瓶体温度不得超过40℃,夏季使用应防止瓶体暴晒,冬季解冻应用温水。乙炔瓶内剩余工作压力于环境温度的关系应符合表1的规定。

乙炔瓶内剩余工作压力于环境温度的关系　　　　表1

环境温度(℃)	0	0~15	15~25	20~40
剩余工作压力(MPa)	0.05	0.1	0.2	0.3

2.8 气割、切割现场10m范围内,不准堆放氧气瓶、乙炔瓶(乙炔发生器)、木材等易燃物品。氧气瓶与乙炔发生器的间距不得小于10m,与乙炔瓶的间距不得小于5m。

2.9 高处焊接或切割应遵守本规程第1.9条的规定。

2.10 严禁在运行中的压力管道,装有易燃易爆物品的容器和受力构件上进行焊接和切割。

2.11 焊接铜、铝等有色金属时,必须在通风良好的地方进行,焊接人员应戴防毒面罩或呼吸滤清器。

2.12 乙炔发生器必须设有防回火的安全装置,保险链、球式浮筒必须有防爆球。

2.13 乙炔发生器不得放置在电线的正下方,不得横放,检验是否是漏气要用肥皂水;夜间添加电石,严禁使用明火。

2.14 点火时,焊枪口不准对人;正在燃烧的焊枪严禁放在工件或地面上。带有乙炔或氧气时,严禁放在金属容器内,以防气体逸出,发生燃烧事故。

2.15 不得手持连接胶管的焊枪爬梯登高。

2.16 工作完毕,应将氧气瓶、乙炔瓶的气阀关好,并拧上安全罩。乙炔浮筒提出时,头部应避免浮筒上升方向,拔出后要卧放,严禁扣放在地上,并检查作业及周围场所,确认无引起火灾危险,方准离开。

附录四 建筑焊(割)工安全技术考核大纲(试行)

一、安全技术理论

1.1 安全生产基本知识
1. 了解建筑安全生产法律法规和规章制度
2. 熟悉有关特种作业人员的管理制度
3. 掌握从业人员的权利义务和法律责任
4. 熟悉高处作业安全知识
5. 掌握安全防护用品的使用
6. 熟悉安全标志的基本知识
7. 熟悉施工现场消防知识
8. 了解现场急救知识
9. 熟悉施工现场安全用电基本知识

1.2 专业基础知识
1. 了解一般电工基础知识
2. 了解金属材料的基本知识
3. 熟悉金属焊接基础知识
(1) 焊接基本原理
(2) 焊接方法的分类
(3) 各种焊接方法基本原理及用途
(4) 焊接特点

1.3 专业技术理论
1. 了解对弧焊电源的基本要求、弧焊机型号的编制方法,根据弧焊机的主要技术指标掌握安全使用方法
2. 熟悉弧焊机常见故障及排除方法

3. 掌握对弧焊工具的要求及安全使用

4. 掌握和熟悉焊条电弧焊、氩弧焊、二氧化碳气体保护焊的安全操作技术

5. 熟悉气焊与气割用气体的性质

6. 了解气瓶的构造及掌握各种气瓶的安全使用规则

7. 掌握气瓶的鉴别方法和连接形式

8. 了解回火的原因及回火防止器和减压器的作用

9. 掌握减压器、焊炬、割炬的安全使用规则

10. 了解焊、割炬的射吸原理,掌握胶管的技术标准规定

11. 熟悉建筑焊(割)工防火措施

12. 熟悉电弧焊时发生触电事故的原因

13. 掌握防止发生触电事故及电弧灼伤的安全措施,学会触电、烧伤的现场急救

14. 掌握电弧焊时造成火灾爆炸事故的原因及预防措施

15. 理解焊割作业前的准备工作及检查方法

16. 掌握动火前的安全措施,掌握焊割"十不烧"

17. 掌握登高作业的安全措施

18. 熟悉设备内部动火的安全措施

19. 熟悉燃烧的条件及燃烧的产物所造成的危害

20. 了解燃烧和爆炸的种类、熟悉防火的基本原理和基本措施

21. 熟悉禁火区的动火管理、掌握三级审批制

22. 熟悉灭火的基本方法

23. 掌握焊割作业中的一般灭火措施懂得常用灭火器的种类、适用范围及使用方法

二、安全操作技能

1. 掌握电弧焊设置的基本操作技术

2. 掌握气焊、气割设置的基本操作技术

3. 掌握电弧焊及气焊、气割的各类设备、工具、防护用品

的识别能力

4．掌握施工现场电弧焊及气焊、气割隐患查找及设备故障的排除技能

5．掌握利用模拟人进行触电急救操作技能

6．掌握焊割作业的防火操作技能

附录五　建筑焊(割)工安全操作技能考核标准(试行)

一、建筑施工现场电弧焊部分

1. 考核设备和器具

1.1　设备：常用焊条电弧焊逆变式弧焊机、交流弧焊机、整流式弧焊机、二氧化碳气体保护焊机、氩弧焊机等。

1.2　工具：焊钳、角向砂轮磨光机、焊条筒等。

1.3　材料：各类钢材、焊材。

1.4　个人安全防护用品。

2. 考核方法

2.1　选用代表性的设备、工具、材料、安全防护用品及标识，根据图示分类汇总在展板上加以识别考核。

2.2　选用代表性的设备、工具、材料、安全防护用品，根据操作图示及文字说明分类汇总在展板上加以隐患查找及故障排除。

2.3　按照建筑施工现场要求，进行焊条电弧焊的基本操作考核。

2.4　考核时间：30min。具体可根据实际考核情况调整。

2.5　考核评分标准

满分40分。考核评分标准见表1。各项目所扣分数总和不得超过该项应得分值。

考核评分标准　　　　　　　　　　表1

序号	扣分标准	应得分值
1	电弧焊部分识别，错误一处扣1分	5
2	电弧焊部分隐患查找及故障排除，错误一处扣5分	10

续表

序号	扣分标准	应得分值
3	焊条电弧焊基本操作没有遵守安全操作规程,防护用品使用→送电→开机→关机,引弧→焊接→熄弧。错误一处扣2分	15
4	焊条电弧焊的基本操作考核,观察焊缝外表成形	10

二、建筑施工现场气焊、气割部分

1. 焊割考核设备和器具

1.1 设备:常用氧气瓶、乙炔瓶、氩气瓶、二氧化碳气瓶、液化石油气瓶等。

1.2 工具:各类减压器、焊割炬、气管等。

1.3 材料:各类钢材、焊材。

1.4 个人安全防护用品。

2. 考核方法

2.1 选用代表性的设备、工具、材料、安全防护用品及标识,根据图示分类汇总在展板上加以识别考核。

2.2 选用代表性的设备、工具、材料、安全防护用品,根据操作图示及文字说明分类汇总在展板上加以隐患查找及故障排除。

2.3 按照建筑施工现场要求,进行气焊、气割的基本操作考核。

2.4 考核时间:30min。具体可根据实际考核情况调整。

2.5 考核评分标准

满分40分。考核评分标准见表2。各项目所扣分数总和不得超过该项应得分值。

考核评分标准　　表2

序号	扣分标准	应得分值
1	气焊、气割部分识别,错误一处扣1分	5
2	气焊、气割部分隐患查找及故障排除,错误一处扣5分	10

续表

序号	扣分标准	应得分值
3	气焊、气割基本操作没有遵守安全操作规程,防护用品使用→装表→送气→点火→气割(气焊)→熄火。错误一处扣2分	15
4	气焊、气割的基本操作考核,观察焊割缝外形	10

三、利用模拟人进行触电急救操作

1. 考核器具

1.1 心肺复苏模拟人1套;

1.2 消毒纱布、面巾、一次性吹气膜和计时器等。

2. 考核方法

设定心肺复苏模拟人呼吸、心跳停止,工作频率设定为100次/min或120次/min,设定操作时间250秒。由考生在规定时间内完成以下操作:

2.1 将模拟人气道放开,人工口对口正确吹气2次;

2.2 按单人国际抢救标准比例30:2一个循环进行胸外按压与人工呼吸,既正确胸外按压30次,正确人工呼吸口吹气2次;连续操作完成5个循环。

2.3 考核时间:5min。具体可根据实际考核情况调整。

2.4 考核评分标准

满分10分。在规定时间内完成规定动作,仪表显示"急救成功"的,得10分;动作正确,仪表未显示"急救成功"的,得6分;动作错误的,不得分。

四、焊割作业的防火技术

1. 考核设备和器具

1.1 配备常用泡沫灭火器、干粉灭火器、二氧化碳灭火器等。

1.2 准备铅皮桶2只、备着火源。

2. 考核方法

2.1 利用铅皮桶内着火源起火或图示着火的种类,让学员选用正确的灭火器,边演示操作并加以口述的形式进行操作考核。

2.2 考核时间:5min。具体可根据实际考核情况调整。

2.3 考核评分标准

满分10分。根据火源种类,选用的灭火器正确,演示动作规范,口述正确,得10分;选用的灭火器正确,演示动作不规范,口述不正确,得6分;选用的灭火器错误,不得分。

五、应会考核样板

(见附图)

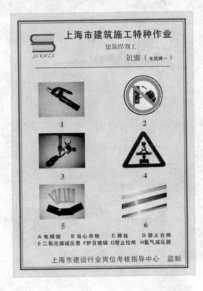

参考文献

[1] 住房和城乡建设部工程质量安全监管司组织编写. 建筑电工. 北京：中国建筑工业出版社，2009.
[2] 上海市安全生产监督管理局和上海市劳动保护科学研究所组织编写. 焊接与切割作业安全技术. 上海：劳护所，2006.
[3] 上海市焊接协会组织编写. 现代焊接生产手册. 上海：上海市科学技术出版社，2006.
[4] 劳动和社会保障部教材办公室组织编写. 金属材料与热处理（第四版）. 北京：中国劳动和社会保障出版社，2001.